U0266416

苜蓿助干机制及添加剂贮藏技术的研究

张晓娜 著

中国环境科学出版社·北京

图书在版编目（CIP）数据

苜蓿助干机制及添加剂贮藏技术的研究/张晓娜著. —北京：中国环境科学出版社，2012.11

（博士文库）

ISBN 978-7-5111-1108-1

Ⅰ. ①苜… Ⅱ. ①张… Ⅲ. ①紫花苜蓿—干燥—研究②紫花苜蓿—贮藏—研究 Ⅳ. ①S551

中国版本图书馆 CIP 数据核字（2012）第 212041 号

责任编辑　孟亚莉
文字编辑　安子莹
责任校对　唐丽虹
封面设计　金　喆

出版发行　中国环境科学出版社
　　　　　（100062　北京市东城区广渠门内大街 16 号）
　　　　　网　　址：http://www.cesp.com.cn
　　　　　电子邮箱：bjgl@cesp.com.cn
　　　　　联系电话：010-67112765（编辑管理部）
　　　　　发行热线：010-67125803，010-67113405（传真）
　　　　　印装质量热线：010-67113404
印　　刷　北京中科印刷有限公司
经　　销　各地新华书店
版　　次　2012 年 12 月第 1 版
印　　次　2012 年 12 月第 1 次印刷
开　　本　880×1230　1/32
印　　张　4.75
字　　数　120 千字
定　　价　25.00 元

序　言

　　我国是草地资源大国，草原面积占国土面积的 41.7%，居世界第二位，草原与森林共同构成了我国生态屏障的主体。草业"事关国家生态安全和食物安全，事关资源节约和环境友好型社会建设，事关经济社会全面协调可持续发展"（杜青林，2006，《中国草业可持续发展战略》序言）。这也正是我国新兴的草业科学面临的重大历史任务。

　　苜蓿作为世界上应用最广、经济价值最高和栽培面积最大的多年生优质豆科牧草，在现代草业的可持续发展中具有突出的地位。但是目前我国苜蓿干草的调制、加工工艺水平还较低，人们对苜蓿种植、收获、加工、贮藏及利用仍存在认识不足、方法不当的问题，从而造成苜蓿的经济价值和使用效果大大下降，在质量上还无法与国际市场上同类产品比较。因此，迫切需要开展此方面的工作，提高苜蓿干草质量，为生产实践提供理论依据和技术支持。本书作者通过探索我国华北地区苜蓿干草调制的关键工艺条件，并开展相关技术研究，对苜蓿从干草调制、贮藏到消化利用等方面进行全面、系统的研究，寻找出苜蓿干草生产增效技术，为农牧民生产提供了宝贵的理论依据，所以该研究具有较高的理论意义和实践价值。

　　本书结构合理、思路清晰、内容丰富、重点突出，是一本极具创新性和参考价值的著作，我祝贺《苜蓿助干机制及添加剂贮藏技术的研究》的出版，也衷心的祝愿有关此方面研究的专著与它所代表的学术集体相偕发展，不断壮大。

张秀芬

2012 年 12 月 1 日于呼和浩特

摘　要

　　本书从苜蓿干草调制、贮藏到消化利用等方面进行系统研究，旨在探索适合我国华北地区苜蓿干草调制的关键技术，为苜蓿干草生产提供理论依据和技术支持。通过对苜蓿干草田间调制关键技术条件、最佳贮藏方法以及贮藏过程中体外消化特性进行综合分析，得出如下结论：

　　（1）从苜蓿水分散失规律、叶片损失率、主要营养指标变化以及不同干燥方法对苜蓿茎和叶解剖结构影响等方面进行对比分析，最终筛选出苜蓿干草田间调制的最适条件。喷施 2.5%碳酸钾溶液结合压扁处理，可明显加快苜蓿干燥速度，减少叶片损失，有效地保存苜蓿干草的营养成分，其总可消化营养物质（TDN）较对照处理提高 5.6%。

　　（2）对比分析不同干燥方法对苜蓿茎和叶解剖结构的影响，对其干燥机理进行剖析。压扁处理能够破坏茎和叶表皮以及髓的结构；干燥助剂碳酸钾溶液对茎和叶表皮角质膜具有溶解作用，使角质膜变薄或呈间断性分布；苜蓿茎经碳酸钾溶液处理后，皮层薄壁细胞间隙明显增大，使其水分蒸发阻力减小，缩短茎部干燥时间。

　　（3）通过复合型天然防霉剂筛选试验，对霉菌数量、粗蛋白（CP）含量以及总可消化营养物质（TDN）等进行综合评定，得出复合型天然防霉剂 FA 各成分的最适添加水平。当氧化钙添加量为 1%，陈皮添加量为 0.3%，沸石粉添加量为 2%时，能够有效保存苜蓿干草营养成分，同时防霉效果显著，且成本明显低于市场现行销售的单一型防霉剂。

　　（4）对各处理苜蓿干草捆体外消化特性（体外产气量、pH、挥发性脂肪酸浓度、动态降解率及降解参数）进行对比分析，打捆贮藏时添加复合型天然防霉剂 FA，苜蓿干草降解率明显提高。

（5）综合各项试验结果，得出苜蓿最佳调制及贮藏方式，在田间调制过程中喷施 2.5%碳酸钾溶液结合压扁处理，同时添加复合型天然防霉剂 FA，进行高水分打捆（含水量为 28%～30%）贮藏。利用此方法调制的干草，贮藏至 360 天，粗蛋白含量仍可保持在 18.17%，其相对饲喂价值（RFV）和干物质降解率分别为 105.7%和 66.67%，可达到 II 级干草标准。

Abstract

The paper was took the *Medicago varia Martin.*cv.Caoyuan No.2 as the study object, systematic researched on the hay making, storage and digestion utilization of alfalfa hay, aimed at searching for the hay making key technology of alfalfa in North China, and provided technical support and theoretical foundation for the production of alfalfa hay. Based on correlation analyses, this paper discussed the key technology conditions of hay making, the best way to storage and digestion test in vitro during storage. The results are as follows:

By researching the moisture dissipation variation law, leaf lossed ratio, changes of chemical compositions and the effects of different treatment on alfalfa anatomical structure, the suitable means and key technical conditions for alfalfa hay making was selected in the end. Spraying chemical drying agents 2.5% potassium carbonate solution combined with steam-pressing could significantly accelerate the drying rate, even could keep nutritive value and improve the quality of alfalfa hay. Thus the loss of leave was reduced efficiently. The correlation of moisture and ratio of stem to leaf submitted index curve variety.

Analyse the effect of different treatment on alfalfa anatomical structure, the experimental results showed that potassium carbonate had a certain destructive influence on the cuticle of stems and leaves. Meanwhile, the results showed that not only the epidermis cuticle was destroyed, the stem cortex parenchyma cells stem space significantly increased after treated by 2.5% potassium carbonate solution, thereby greatly reducing the drying time of stem, leading to its exemption from the control of moisture movement.

By measuring fungal count，content of protein and total digestion nutrition，the optimum proportion of materials obtained by the way of Orthogonal Test Design was confirmed as the following，calcium oxide addition was 1%，tangerine peel addition was 0.3% and zeolite powder addition was 2%. The nutrient composition could be preserved effectively and mould inhibition effect significantly by the compound natural antifungal agent，and the cost was significantly lower than the single-type antifungal agent which were sold on the market.

The gas production，pH，volatile fatty acids and digestive rate in vitro of different treatment alfalfa hay bale were determined through in vitro digestion experiment，the results showed that：the digestive rate could be improved effectively by adding the compound natural antifungal agent FA during storage.

The results indicated that：the contents of crude protein was 18.17%，the relative feed value was 105.7%，and the digestion rate of dry matter was 66.67%，it could reach 2 grade quality standards after 360 days storing by spraying potassium carbonate solution combined with steam-pressing during the hay making，while adding the compound natural antifungal agent FA during storage（water content 28%～30%）.

目 录

第1章
引　言

　　苜蓿作为世界上应用最广、经济价值最高和栽培面积最大的多年生优质豆科牧草，在现代草业的可持续发展中具有突出的地位。因其具有较高的营养及利用价值，而享有"牧草之王"的美誉[1]。在我国，苜蓿已有两千多年的栽培历史，是我国栽培历史最久、分布最广、经济及利用价值最高的饲用豆科牧草，是家畜生产中重要的饲料来源。与其他饲料作物相比，苜蓿具有特殊的植物学及生物学特性，主要体现在生物产量、营养价值和适口性等诸多方面[2]。如生产力稳定、产量高、可利用年限长、营养价值丰富、适口性好等，同时苜蓿具有广泛的生态适应性，而且本身能够进行生物固氮，可以改良土壤条件，防止水土流失，防风固沙，改善生态环境，净化空气，美化环境等，它不仅为现代畜牧业的发展提供了优质饲草，在农牧业生产和生态环境保护方面，苜蓿也发挥着巨大的作用[3]。

　　近年来，随着我国种植业结构由二元结构向粮—经—饲三元结构调整，人工种草的热潮蓬勃兴起，牧草及饲料作物种植面积大幅度增加，大力发展饲草生产首推的牧草品种为苜蓿，其种植面积迅速增加，苜蓿规模化、产业化生产也方兴未艾，苜蓿产业将得到更大的发展，因此不断完善苜蓿生产技术，对促进苜蓿产业发展和推动我国畜牧业的发展都具有重要意义[4]。草业是我国新兴的产业，苜蓿产业作为其中的一个分支，被列为"九五"国家攻关项目，被誉为新世纪的朝阳产业，它是绿色饲料产业的主要方面，是富国强民的新产业[5]。在我国经济、社会和生态可持续发展战略中，随着绿色革命的推进，"退耕还林还草"工作的展开，苜蓿产业在缓解人畜争粮、改善生态、提高经济效益等方面引起了社会各界的广泛关注[6]。苜蓿产业的发展除了与效益型畜牧业潜在的要求相符，作为畜牧业的营养素外，还为农业的可持续发展提供了动力，是生态大农业中农牧结合的纽带。为此，国内许多学者就中国苜蓿产业化的发展，及其在畜牧业、农业、绿色饲料产业等可持续发展方面的地位、战略意义、实施途径以及限制因素等方面从不同的角度进行了论证，结果表明，苜蓿产业的发展前景十分广阔[7]。

目前，针对草地畜牧业生产环境条件恶化，饲草资源短缺等问题，我国实施了一系列具有战略性的生态治理措施，像退耕还林还草、京津风沙源治理工程及天然草地保护工程等。其中，实施禁牧、休牧政策以及养殖方式由传统的粗放型放牧养殖向规模化、集约化的半舍饲和舍饲养殖转变，是促进我国生态建设，发挥生态效益，确保畜牧业经济可持续发展的有效措施之一。但是实施禁牧、休牧和舍饲半舍饲政策后，在冬春季节饲草饲料供应严重不足，农牧民饲养成本增加，养殖效益下降，农牧民损失严重，致使生态效益与经济效益之间产生矛盾[8]。因此，寻求一条可以解决饲草饲料季节性供给不足，提高饲草料利用率的途径，就成为解决问题的关键。

近年来，随着畜牧业的发展，特别是舍饲养殖业的兴起，干草越来越被人们所认可，国内外畜牧业发展成功的经验证明，干草是现代畜牧业发展不可替代的重要饲料形式[9]。随着草地畜牧业的发展，草畜矛盾始终是制约畜牧业可持续发展的瓶颈，一方面是牲畜的大量增加，另一方面是牧草的急剧减少，由于牧草的生长有很强的季节性，往往是夏天牧草过剩，冬春牧草供给不足，这一问题给畜牧业，特别是养殖业的持续、稳定以及快速发展带来了很大的困难。所以，如何能够正确有效地利用天然牧草，已成为目前国内外非常关注的问题。国内外的科技工作者应用各种方法对牧草进行加工调制，在尽可能保存大量营养物质的基础上，生产出易于保存、适口性好的饲料。要长期保证牧草的安全供应，解决冬春季节牧草的短缺问题，其中主要的方法之一就是对牧草进行干草调制[10]。在美国，干草生产是其五大农业产业之一，其中作为"牧草之王"的苜蓿干草占其干草总量的 60%，美国干草专家和重视干草质量的生产者们认为苜蓿干草完全可能达到与精饲料同样的饲用价值[11]。

目前，我国正处于苜蓿产业大发展时期，许多省份都成立了专门的苜蓿草业开发机构，并建立一些苜蓿草制品加工工业，促进我国草业的发展。为了获得高品质的干草，在调制过程中最大限度地降低营养物质损失，使牧草尽快脱水，缩短田间干燥时间。发达国家采用脱水机械生产脱水苜蓿，但此法成本较高，相比之下田间自然干燥工艺简单，经济实用，仍然是许多国家干草生产的主要方式[12]。苜蓿的收获、干燥及贮藏是确保苜蓿在高产基础上获得优质草产品的关键，直接影响到种植业和养殖业的经济效益，但是目前我国苜蓿干草的调制、加工工艺水平还较低，人们对苜蓿种植、收获、加工、贮藏及利用仍存在认识不足、方法不当的问题，从而造成苜蓿的经济价值和使用效果大大下降，在质量上还与国际市场上同类产品有差距[13]。因此，迫切需要开展此方面的工作，提高苜蓿干草质量，为生产实践提供理论依据和技术支持。

为此，本书研究探索我国华北地区苜蓿干草调制的关键工艺条件，并开展相关技术研究，对苜蓿从干草调制、贮藏到消化利用等方面进行全面、系统的研究，旨在寻找出苜蓿干草生产增效技术，为农牧民生产提供技术支持。

1.1 苜蓿干草研究进展

1.1.1 国内苜蓿干草研究进展

在我国，苜蓿已有两千多年的栽培历史。早在汉朝时期，张骞出使西域从伊犁河地区带回苜蓿种子，从此苜蓿便引入我国，被种植推广[14]。据有关资料显示，20世纪二三十年代，在我国陕、甘两省，苜蓿的种植面积占耕地面积的6%～8%。由于从中央到各级政府对苜蓿的种植和推广非常重视，到了20世纪90年代初期，苜蓿在我国大部分省市被广泛种植，我国苜蓿的种植面积增加到100多万公顷[15]。

20世纪50年代以前，由于受到社会、历史等各方面条件限制，我国几乎没有专业的干草调制机械，苜蓿干草生产技术和调制方式都相当落后，使得苜蓿干草营养成分损失巨大。

新中国成立以后，从中央到地方各级政府对畜牧业生产都十分重视，使得我国苜蓿干草的生产有了较大的发展。首先，在牧草收割方面，由原来的手工割草逐渐向牲畜拉车割草的半机械化作业转变。其次，在牧草贮藏方面，一些地区已开始建立打草场用来贮备干草，作为家畜冬春季节的补充饲料。为了将调制好的干草长期地贮藏下来，人们将拢起的草堆再堆成大的草垛，以便长期地贮存和运输[16]。

改革开放以后，由于党中央各方面政策的实施，在"种草种树，发展畜牧"的号召下，我国的畜牧业得到持续较快发展，像打草机、搂草机、打捆机等部分干草加工机械被运用到生产实践中，干草在牲畜饲草中的比重逐渐增加，据有关资料统计，已达到饲草比重的1/5[17]。

20世纪90年代以后，国家产业结构逐渐从二元种植结构向三元结构转变，并规划在5～10年内饲料作物种植2 670万hm^2，其中苜蓿668万hm^2，同时国家将苜蓿产业列为"九五"科技攻关项目[18]。

虽然我国苜蓿产业逐渐兴起，苜蓿种植面积大幅度增加，但是在苜蓿有效利用方面与国外相比还存在较大差距，尤其在专门化的苜蓿干草生产技术方面[19]。目前我国苜蓿干草的调制、加工工艺水平还较低，在许多环节上还没有实现机械化作业，人们对苜蓿种植、收获、加工、贮藏及利用仍存在认识不足、方法不当的问题，从而造成苜蓿的经济价值和使用效果大大下降，在质量和数量上与我国畜牧业发展需求还不适应，还无法与国际市场上同类产品媲美。

1.1.2 国外苜蓿干草研究进展

世界上畜牧业发达的国家，都十分重视干草的生产，尤其是最近几十年来，由于采用先进的生产技术措施，使得苜蓿的产量和质量都得到显著提高。国外干草的生产大致经历了以下几个阶段：

（1）20 世纪 30 年代，英国发展完善了"褐色干草"工艺[20]。即如果在苜蓿刈割时期遇到阴雨天气，可将牧草平铺，待其含水量降至 50%左右时将其逐层堆垛至 4~5 m，同时在每层添加食盐，添加量为青草质量的 0.5%~1%。由于应用该技术调制出的干草颜色为棕褐色，因此被称为"褐色干草"。"褐色干草"适口性好，家畜的采食率高，但是其营养成分损失严重。

（2）20 世纪 60 年代，处于干草生产平稳时期，如美国干草总量达 11 300 万 t，其中苜蓿或苜蓿和其他禾本科牧草混合的干草达 6 612 万 t。同时干草调制机械也有了明显改进[21]。在一些地区，传统的打草机、搂草机、压扁机等单独作业的机械逐渐被割草—压扁—拢成草拢的联合作业机械取代。

（3）20 世纪 80 年代，由于青贮技术的使用，干草生产逐渐减少。如美国苜蓿打捆制备干草的比例已由 1970 年的 81%降至 1980 年的 70%，而半干贮在同期则由 7.2%增为 14%；前苏联，1985 年计划制备干草 8 000 万 t，半干贮饲料就达到 7 700 万 t[22]。

（4）20 世纪 90 年代，国外苜蓿干草产量逐渐回升，其主要原因是在干草生产技术上的突破，特别是刈割机、干燥机械的使用及干草干燥助剂的应用，即使在人工条件下，苜蓿干草田间干燥时间也可以明显缩短，并且有效地减少了营养成分损失[23]。近年来，随着世界生态环境的恶化，导致世界绿色革命的兴起，国际市场对于优质干草尤其是苜蓿干草的需求量不断上升，尤其是在日本、韩国、新加坡等东南亚市场表现得尤为突出[24]。美国、加拿大等国家成为世界最大的苜蓿干草出口市场，其中以美国最为突出，干草产业成为美国的一大产业，在美国每年生产的干草中，苜蓿干草约占58%，据相关资料统计显示，美国苜蓿干草年均产量由 0.21 t/亩增加到0.84 t/亩不等[25]。在近几十年，国外成功研制出了牧草快速脱水设备，从而为优质干草的生产创造了条件。因此，国外畜牧业发达国家，由于苜蓿干草生产技术十分先进，使得干草的经济利用价值得到大幅度提高。

1.2 干草调制技术研究

所谓干草调制是指将天然或人工种植的牧草及饲用作物在营养价值及产量最佳的时期刈割，经自然晾晒或人工干燥调制，使其失水分达到稳定状态，且能够长期保存的草产品[26]。优质的干草含水量应在 18%以下，叶量丰富、颜色青绿、气味芳香，且营养成分损失较少[27-28]。优质苜蓿干草是草食家畜冬春季的主要补充饲草，也是我国兴起的新型草产业的主要产品。

1.2.1 干草加工机理

1.2.1.1 牧草干燥过程中水分散失的规律

"刚收割的青鲜草含水量通常在 50%～85%，经过干燥达到贮存条件的干草含水量应在 15%～18%。为减少牧草干燥过程中的营养物质损失，必须加快植株体内水分的散失，促进植物细胞快速死亡，停止细胞呼吸，以减少营养物质分解损失及外界因素造成的损失"[29]。"牧草刈割后，植物体内的水分散失过程经过两个阶段：第一阶段为快速散失阶段，在晴朗的天气条件下，经 5～8 h 的晾晒，植物体内水分迅速散失，禾本科牧草含水量可以减少到 40%～45%，豆科牧草的含水量减少到 50%～55%，这一阶段从牧草植物体内散发的主要是游离于细胞间隙的自由水，主要是通过微管系统和细胞间隙的气孔进行散发，水分散失速度较快。此时水分散失的速度取决于牧草与大气间空气流动和水势差，因此在晴朗、干燥有微风的天气条件下，水分能够快速散发。第二阶段为缓慢阶段，无论是禾本科牧草还是豆科牧草，在第一阶段即自由水散失完后，植物体内水分的散失速度变得越来越慢，其主要原因是由于第一阶段散失的水分主要是植物细胞间隙的游离水，而第二阶段从植物体内散发掉的主要是结合水，此阶段水分的散失由以蒸腾作用为主变为以角质层蒸发为主，而角质层表面具有蜡质，极不利于水分蒸发。要使牧草含水量由 40%～55%降到 18%～20%，通常需要 1～2 昼夜甚至更长时间"[30]。

1.2.1.2 干草在调制过程中的生理生化变化特点

青鲜牧草在自然条件下进行干燥时，其生理生化变化，大致可分为两个阶段，即饥饿代谢阶段和自体溶解阶段[31]。

（1）饥饿代谢阶段的营养物质的变化

"牧草刈割后，植物细胞在一定时间内，其生理生化活动如呼吸、蒸腾作用仍继续进行，但由于水分和其他营养物质供应的中断，细胞的生命活动只能依靠植物体内储存的营养物质来进行。如部分淀粉转化为二糖或单糖，因呼吸而消耗能量，少量蛋白质被分解成以氨基酸为主的氮化物等。这时牧草体内是以氧化为主导的代谢阶段，称为饥饿代谢。直到牧草的含水量降到 40%左右时，细胞失去恢复膨压的能力之后，逐渐趋于死亡，饥饿代谢才停止。这一阶段养分损失在 5%～10%，为了减少牧草的营养损失，必须加快细胞死亡，缩短饥饿代谢时间"[32-34]。

（2）自体溶解阶段的营养物质的变化

"牧草凋萎以后，植物体内发生的生理过程逐渐被有酶参与作用的生化过程代替，从而进入自体溶解阶段。植物细胞死亡之后，原生质渗透性提高，在潮湿的情况下，维生素及可溶性营养物质损失较多。此外，在强烈的阳光直射和体内的氧化酶作用下，植物体内所含的胡萝卜素、叶绿素和维生素 C 等大部分会被破坏。日晒时间越长，其损失程度越大。含氮化合物在正常干燥条件下，变化不明显，如果干燥速度很慢，酶的活性增强，造成部分蛋白质分解。所以干燥时间延长，蛋白质的损失就增多。这一阶段，既要加速降低水分含量，使酶类的活动尽快停止，又要设法尽量减少日光暴晒、露水浸湿和防止叶片、嫩枝等脱落而造成的损失"[35-36]。将牧草干燥过程中的两个阶段特点进行比较如下（表 1.1）：

表 1.1　牧草干燥过程中的养分变化

阶段	特点	养分变化		
		糖	蛋白质	胡萝卜素
饥饿代谢阶段	在活细胞中进行，以异化作用为主导的生理过程	呼吸作用消耗单糖，使糖降低，将淀粉转化为双糖、单糖	部分蛋白质转化为水溶性氨化物	初期损失极少，在细胞死亡时大量破坏，总损失量为50%
自体溶解阶段	在死细胞中进行，在酶参与下分解为主导的生化过程	单双糖在酶的作用下变化很大。其损失随水分减少、酶活动减弱而减少；大分子的碳水化合物（淀粉、纤维素）几乎不变	短期干燥时不发生显著变化；长期干燥时酶活性加剧使氨基酸分解为有机酸进而形成氨，尤其当水分高时（50%～55%），延长干燥时间会加大蛋白质损失	牧草干燥后损失逐渐减少；干草被雨淋氧化加强，损失增大；干草发热时其含量明显下降

1.2.2　干草加工工艺

1.2.2.1　干草干燥时应掌握的原则

影响干草品质的因素很多，其中最重要的是刈割时期，干燥方法及贮藏条件和技术[37]，这个过程直接影响到干草的质量，进而影响后续加工草产品的品质，苜蓿干草收获的首要原则就是要尽快使之干燥，因此整个收获工艺流程都应围绕这一原则。

贾慎修（1995）研究指出"根据牧草干燥时水分散失规律和营

养物质变化的情况，牧草干燥时应该掌握以下基本原则：①尽量缩短干燥时间。缩短牧草的干燥时间，可以有效减少生理和化学作用造成的损失。②牧草各部位含水量应均匀。干燥后期阶段，应该尽量使牧草各个部分的含水量均匀，以利于牧草贮藏。③减少牧草遭受灾害性天气的影响。牧草的凋萎期应当尽量防止被雨、露水打湿，同时避免在阳光下长期暴晒。④搂草、摊晒、翻草、捡拾、压捆等作业，应在牧草细嫩部分还未折断或折断不多情况下进行。尤其豆科牧草一般建议在干草的含水量降至 40%之前进行，可有效减少牧草的损失"[38]。

1.2.2.2 干草加工技术

（1）适时刈割

苜蓿的刈割时期，对苜蓿干草的品质和产量有重要影响[39]。苜蓿的刈割时间，主要从以下几方面考虑，即干物质的产量、化学营养成分的产量、产量的持续性及收割后根系营养物质的积累水平[40]。Smeal（2003）研究认为"适时刈割就是要在牧草营养价值和产量均高的时期进行刈割。由于苜蓿营养成分的变化规律是：粗蛋白含量从分枝期到初花期一直在增加，而后逐渐下降，而粗纤维含量在整个生长期内一直呈增加趋势。从始花期至中花期，苜蓿粗蛋白含量每天降低 0.65%，以后变化较小，而粗纤维每天递增 0.57%"[41]。陈本健（2002）研究指出："如果刈割过早，即在现蕾期至初花期收割，虽然苜蓿营养物质含量较高，但干物质产量低，同时严重影响了苜蓿的再生性；如果刈割过迟，即在盛花期或结实期刈割，苜蓿营养物质含量则下降，粗纤维含量增加，适口性较差，再生草生长减弱，所以苜蓿的收获时期，国内一般在初花期开始刈割，此时收获能保证苜蓿草产品的质量及产量"[42]。而在美国马里兰州，对于新种植的苜蓿地，首次刈割是在初花期，以便让根系充分生长，而为了获得高产、高质的苜蓿，对已建成的苜蓿地，刈割时间在孕蕾早期，以后每隔 32～35 d 刈割一次[43-45]。收获时期提前，与那里到位的生产管理措施，以及机械化运用程度较高密切相关，此法不但提高了草产品的质量，而且也确保了每年的刈割次数，使得苜蓿产草总量并不会减少。因此，刈割时间应根据其生长阶段进行选择，同时还要根据当地的天气情况，可适当对刈割时期进行调整。

表 1.2　苜蓿不同生育时期的养分变化　　　　单位：%

生育时期	粗蛋白	粗纤维	干物质消化率
孕蕾期	20.3	23.11	60.74
初花期	18.4	31.87	59.36
盛花期	17.5	42.85	46.65
结实期	15.1	51.49	38.21

（2）刈割高度

苜蓿的刈割高度，会影响到苜蓿的产量、再生性和苜蓿下一年度的生长发育情况。刈割留茬过高，一方面会导致苜蓿产量的降低，其产出物质未能全部有效得到收获，另一方面含有大量营养物质的基层叶片未被收获，影响了牧草的质量。若刈割留茬过低，虽然当年苜蓿的产量会较高，但常会由于留茬过低，其生长点被割掉，使得苜蓿地上部分及地下部分的生长受到了严重的影响，导致新枝条生长减弱，整株活力下降，若连续的低茬刈割则会引起牧草生长的急剧衰退[46]。

葛正众（2001）研究表明"苜蓿刈割时留茬高度应控制在 7～10 cm，留茬过低不利于下一茬苜蓿的生长"[47]。刘振宇等（2001）指出"最后一茬苜蓿刈割应至少留茬 7 cm，以利于苜蓿过冬，刈割间隔一般在 30～40 d。苜蓿不同刈割时期，不同刈割次数所获得的产量和营养物质是不同的。苜蓿第一茬产量最高，占总产量的 50%～55%，第二茬产量占 20%～25%，第三茬产量占 10%～15%，第四茬产量在 10%左右。从春天到盛夏是苜蓿生长的活跃期，刈割的时间间隔为 30～40 d。从盛夏到秋天，苜蓿生长较慢，一般要间隔 40～50 d，一般在 5 月上旬就可以刈割第一茬。为了使苜蓿安全越冬，保证冬季和第二年春天苜蓿生长旺盛，秋天最后一茬刈割应视品种的耐寒程度而选择不同的收获时间。对不太耐寒的品种，应在 9 月下旬进行刈割，而对耐寒品种，应选择 10 月中旬刈割最佳"[48]。

（3）干燥方法

苜蓿干燥方法的种类较多，大体可分为三类，即自然干燥法、人工干燥法以及物理化学干燥法。

1）自然干燥法

长期以来，国内外许多地区主要使用自然干燥法进行青干草的调制，即选择最佳刈割时期，在天气状况良好的条件下进行牧草刈割，然后调制晾晒成青干草。自然干燥法有很多方式，如田间干燥法（分平铺晒草法、小堆晒草法）、草架干燥法（独木架、三角架、铁丝长架和棚架等）、发酵干燥法（适合阴雨季节和多雨地区）等[49]，具体采用何种干燥方式可根据实际生产条件、规模以及要求来决定。

①田间干燥法

田间干燥法即苜蓿刈割后在田间直接晾晒。缩短干草的干燥时间，关键是创造良好的通风条件[50]。汪春（2006）等研究认为"苜蓿在苜蓿刈割以后，应尽量摊晒均匀，每隔一段时间进行翻晒通风一次，使之充分暴露在干燥的空气中，从而加快干燥速度。但最后一次翻晒时，为避免叶片大量脱落，其含水量应不低于 40%。为了减少机械损失和太阳暴晒，当水分降到 45% 左右时，堆放成垄，进行自然通风干燥，直到达到干草的含水量标准。此种干燥方法的优点是成本低，故此干燥法被干旱少雨地区普遍采用。但其缺点明显，首先此法晒制干草受天气的影响较大，其次由于叶片与茎秆的干燥速度不同步，在自然干燥过程中，当叶片已经达到安全水分 14%～15% 时，茎秆的含水量还很高，这样如果继续自然干燥，叶片很容易脱落，尤其是在轻微的翻动或在搬运的过程中，叶片和花蕾会纷纷脱落，大大降低了苜蓿干草的蛋白质含量。另外，在暴晒的过程中，苜蓿所含的胡萝卜素、叶绿素等营养物质会大量损失。长时间的露天晾晒，也容易导致苜蓿腐败变质，从而降低了苜蓿干草的营养价值和商业价值"[51]。

田间晒制干草是一种传统的干草调制方法，直到 20 世纪 70 年代后期，发达国家逐渐由人工干燥所替代。国外学者在这方面的研究较多。如 Cobic（1997）对阳光下晒制与凉棚下调制苜蓿干草进行了对比研究,结果显示"两种调制方法苜蓿干草 CP 损失分别为 6.04% 和 5.36%,净能损失分别是 15.63 kJ/kg 和 13.25 kJ/kg,胡萝卜素含量分别为 9～25 mg/kg 及 18～34 mg/kg"[52];Collins(1991)晒制经水浸湿过的苜蓿,测定其干物质和体外消化率,结果显著低于对照处理[53];Patil 等(1992)研究了薄层摊晒的情况下干草的成分变化,结果表明"干草各营养成分含量显著高于采用草堆晾晒而成的干草"[54];Bleeds(1992)对不同翻晒次数的苜蓿干草晒制后进行了营养价值评比,结果表明"翻晒次数越少,干草营养价值越高"[55];Sheerer 等(1992)做了苜蓿干草 5 种不同晒制方法的田间比较试验,结果表明"摊晒行越宽干燥效果越好,而且干草品质不受影响"[56]。

②草架干燥法

在多雨地区,采用田间晒制法调制干草一般不易成功。因此,可采用草架干燥法进行草调制干[57]。在草架上晒制牧草可以大大地提高牧草的干燥速度,保证干草的品质。干草架有三脚架、独木架、铁丝长架等形式。晒制干草时应自上而下地把草置于草架上,厚度应小于 70 cm,并保持蓬松和一定的斜度,以利于采光和排水。用草架干燥时,苜蓿可先在地面干燥半天或一天,使其含水量降至 45% 左右,然后自下而上逐渐堆放,或捆成直径 20 cm 左右的小捆,顶端朝里放置。草架干燥虽需要部分设备和人工费用,成本略高,但此法通风较好,可明显加快干燥速度,获得优质青干草。

草架干燥法中,通常用组合式草架或铁丝架[58]。如加拿大学者设计的一种组合式干草架,可使干草与地面相离,并根据工作程序和运输方法实行机械化作业,效果较好[59]。我国孙京魁(1999)进行薄层摊晒、小捆晒制和草架晒制的比较试验,认为"在阴湿地区搭架晒制干草可明显加快干燥过程并且有效地防止叶片脱落"[60]。

③发酵干燥法

在光照时间短、强度低而且多雨的地区,很难利用阳光调制优良苜蓿干草,可采用发酵干燥法调制成棕色干草。张文灿(2003)研究提出"将收获后的苜蓿先进行摊晾,并经过翻晒进行干燥,使新鲜的苜蓿凋萎,含水量降低到 50% 左右时,然后堆成 3～5 m 高的草垛，把草垛逐层压实，垛的表层可以用土或薄膜覆盖，使草垛发热并在两三天内发酵，发酵过程中产生高热，垛温可达到60～70℃，草堆经48～60 h发酵后需要挑开，使水分受热风蒸发，加速苜蓿干燥，使其逐渐干燥成棕色干草。若遇到连绵阴雨天情况，可以保持在草垛温度不过分升高的前提下，发酵更长时间。利用此法晒制的干草营养物质损失较大，仅适合在多雨地区的干草调制"[61-62]。

2）人工干燥法

国外发达国家采用人工干燥法较多。采用此法可将牧草快速干燥，牧草营养损失小，调制的干草品质好，但其成本较高，且能源消耗较大[63]。人工干燥法可分为常温鼓风干燥法、低温烘干法、高温快速干燥法[64]。

① 常温鼓风干燥法

常温鼓风干燥是借助吹风机、送风器等机械设备对刈割后在地面预干到含水40%～50%的苜蓿草进行不加温干燥，可以在室外露天堆贮场或在干草棚中进行[65]。这种方法一般是在收获时期早上或晚间，相对湿度低于75%，温度高于15℃时使用。

② 低温烘干法

低温烘干法的原理是采用煤或电作为能源，将空气加热到50～70℃或120～150℃后，鼓入干燥室内，利用热气流的流动完成干燥[66]。此法须有牧草干燥室、空气预热锅炉、鼓风机和牧草传送设备。

③ 高温快速干燥法

该技术采用加热的方法使苜蓿水分快速蒸发到安全水分含量，它一般适合于在高湿地区采用，其特点是加工时间短，一般只需3～10 min，干燥过程中温度可高达700～1 000℃。张国芳等（2003）研究表明利用高温快速干燥法生产干草几乎不受天气条件的影响，而且烘干调制出的苜蓿干草在色、香、味方面几乎与鲜草相同，CP（粗蛋白）含量较自然晾晒干草可高出5%～7%，且在高温干燥过程中，干草中的杂草种子及有害病菌全部被杀死。此法调制出的干草CP含量较高，但其成本高，干草中芳香性氨基酸损失严重，并且在高温干燥过程中会使部分蛋白质发生变性，从而降低干草的适口性和体内消化率[67]。但因其干燥速度快，蛋白质保存率高，随着苜蓿产业的发展，高温快速干燥技术也被广泛地使用。

3）物理化学干燥法

物理化学干燥法是指在干草调制过程中，采用物理、化学方法加快牧草干燥速度并且减少牧草干燥过程中营养成分损失的方法[68]。目前应用较多的物理方法是压裂草茎干燥法，化学方法则是添加干燥剂干燥法。

①茎秆压扁干燥法

海存秀（2001）等研究表明"苜蓿刈割后叶片所需干燥时间较短，其干燥速度比茎秆快 5～10 倍以上，苜蓿干燥时间的长短主要取决于茎秆干燥所需时间"[69]。朱正鹏（2006）指出"采用茎秆压扁法，将苜蓿茎秆压裂，破坏了茎角质管束和表皮，消除茎秆角质层和纤维素对水分蒸发的阻碍，增大水导系数，加快茎中水分散失速度，从而使茎秆与叶片的干燥速度同步"[70]。刘兴元等（2001）研究认为"压裂茎秆干燥牧草的时间比不压裂干燥缩短 30%～50%的时间，可减少呼吸作用、光化学作用和酶的活动时间，从而减少苜蓿营养损失，但压扁可以使细胞破裂而导致细胞液渗出最终致使营养损失"[71]。Rotz 等（1991）研究机械压扁对不同茬次刈割的苜蓿干燥速度影响，结果显示"机械方法压扁茎秆对初次刈割的苜蓿的干燥速度影响较大，而对于再次刈割的苜蓿的干燥速度影响不大"[72]。Wiseonsin 州立大学 Rohweder（1995）指出"未经压扁的干草一般需要 3～4 d，才能达到安全贮藏的含水量，有效的机械压扁可以减少 2 d 的干燥时间"。

②干燥剂干燥法

所谓干燥剂干燥法是指将一些碱金属的盐溶液喷洒到苜蓿上，经过一定化学反应使茎表皮角质层破坏，从而加快植株体内水分散失速度[73]。此种方法不仅可以减少干燥过程中的营养物质损失，而且能有效提高干草营养物质消化率。常用干燥剂有氯化钾、碳酸钾、碳酸钠、碳酸氢钠等。

美国和澳大利亚长期研究改进干草调制技术，旨在缩短牧草干燥时间，减少干燥中营养物质损失。Grncarevic 等（2003）认为"在刈割的苜蓿草垄喷洒 2%的碳酸钾液，其干燥速度比压扁茎快 43%，若在苜蓿压扁收割前对苜蓿喷洒 2%的碳酸钾，可起到良好的干燥效果，可明显缩短 1～2 d 干燥时间，降低产量总损失量的 14%～21%，同时能够较好地保存营养物质含量，明显改善牧草品质，试验研究表明，利用碳酸钾调制的苜蓿干草适口性良好。另外，采用碳酸钠、硅酸钠、丙酸钠等配成的混合液，也可加快苜蓿干燥速度"[74]。密歇根大学研究人员试验表明，使用 2.8%的碳酸钾溶液调制干草得到的效果最好，并且刈割压扁时使用化学药剂直接喷洒苜蓿，对加快干燥速度效果十分明显[75]。

（4）贮藏

合理贮藏是苜蓿干草调制的一个重要环节，如贮藏方法不当、管理不善，会导致干草营养物质的大量损失，甚至会发生霉烂现象。当干草水分含量为 15%～18%时即可进行贮藏[76]。在贮藏之前应做好堆垛的选址以及防潮、防火设备的准备工作。

1）散干草的贮藏

①露天贮藏

露天贮藏是我国传统的干草存放形式。适用于干草数量多的大型养殖牧场，是一种经济、方便且较为普遍使用的方法[77-79]。但干草易遭受风吹日晒、雨雪淋湿，容易造成营养损失和霉烂变质。因此，要选择排水良好和取用方便的地方进行堆垛。堆垛底层用树干和干燥的秸秆等铺垫，避免干草直接接触地面。堆垛时应逐层压实踩紧，加大密度，减少干草与空气的接触面。要使垛顶中间高出四周，防止雨雪浸湿，用低质的粗草或秸秆压住顶层，最好用塑料薄膜覆盖或用草泥涂抹成保护层。

②贮草库贮藏

有资料显示，利用贮草库进行干草贮藏，可有效减少营养成分损失。此方法既能防雨雪和潮湿，也能减少风吹日晒对干草所造成的损失。在垛草时棚顶与干草要保持一定的距离，以保证空气流通[80]。

2）草捆贮藏

一般在干草含水量达到 15%～25%时便可打捆贮藏[81]。当干草含水量降到 22%以下时，可在早晚空气湿度大时打捆，以减少叶片损失及破碎[82]。虽然在高水分条件下，含水量大于 25%时打捆贮藏，可减少干草呼吸作用，保留大量叶片，但此时打捆的干草在贮藏中极易发霉变质，致使营养成分损失极为严重[83]。国内外部分学者采用高水分条件下进行苜蓿干草贮藏试验研究，高彩霞（1997）研究表明"苜蓿在含水量为 29%条件下打捆，比传统方法中含水量在 15%左右条件下打捆，亩产草量高 107 kg，CP 高 12.7 kg，NDF（中性洗涤纤维）、ADF（酸性洗涤纤维）极显著低于后者，粗灰分（CA）差别不大，随着含水量的下降，茎叶比增加，叶片损失率增大"[84]。

目前，美国、加拿大等发达国家干草的贮藏基本上是采用压捆后贮存。干草压捆后密度大，单位重量干草体积减小，便于贮藏、运输和取用。根据草捆形状的不同，贮存方式也有区别，小型方草捆应该在防风避雨条件下保存，大型圆草捆不宜贮存在金属围栏或易受雷击的物体附近，最好是将草捆进行多处贮存。干草捆除了露天堆垛贮藏外，还可以贮藏在专用的仓库或干草棚内，简单的干草棚只设顶棚和支柱，四周无墙，成本低。还可以设置成半墙的草库，更适合长期安全贮存。不论何种类型的干草捆，均以室内贮存效果最好[85-86]。

3）干草贮藏时的注意事项

郑先哲（2004）研究指出"干草具有很强的吸湿性，在相对湿度 70%～90%，温度在 10～40℃的地方，48～72 h 内，部分干草可吸湿 12%，体积相应增加 15%～20%。含水量增加容易引起干草发生霉变，降低营养价值。因此，青干草贮藏时应注意以下事项：露天贮存的大型干草捆，大部分腐烂是由于其从地面吸潮，而并非顶部透水所致。因此，应尽可能避免或减少干草与地面的接触；草捆堆垛时，草捆之间要有通风口，保持良好的通风效果，以便于水分蒸发，防止草捆发热，氧化霉败；草垛堆起后要用木栅围成草圈，在其四周挖防畜沟和打防火墙，并经常注意做好防畜、防火、防水工作；草捆可用塑料袋包装，提高草捆的保存性能，延长保存时间，减少运输过程中的营养物质的损耗；长期贮藏应装置监测系统来监测温度，以防止干草发酵产热而引起自燃"[87]。

1.3 影响干草调制过程中营养损失的主要因素

1.3.1 内部生理变化因素

青鲜牧草在自然条件下进行干燥时，其生理生化变化大致可分为两个阶段，即饥饿代谢阶段和自体溶解阶段。

刚收割的牧草细胞还有生命力，直到其含水量降至 47%～48% 时，生命活动才停止[88]。如果田间干燥时间过长，就会延长其呼吸作用。植物活细胞的呼吸作用会引起淀粉、果聚糖、蔗糖和其他的可利用碳水化合物降解为有机酸，由于呼吸降解的这部分碳水化合物能够完全被家畜利用，所以造成的损失较大[89]。在干燥条件良好状态下，呼吸作用造成干物质的损失为 2%～8%；而恶劣干燥条件下，这种损失可高达 16%[90]。

Daughty（1994）研究表明"当植物的含水量降至 30%时，植株体内的水分将很难蒸发"[91]。Clark（1996）指出"在植物迅速干燥阶段，由于水分很容易蒸发，植物中 75%左右的水分在此阶段散失，而这一阶段仅仅占干燥时间的 20%。接下来的缓慢干燥阶段，由于牧草表皮蜡质层的保护作用，使水分较难蒸发，其干燥速率为前者的百分之一"[92]。Roybal（1995）认为"牧草在田间的干燥时间与饲喂价值的损失成正比，牧草每天田间损失高达 4%，晾晒时间越长，植物中的胡萝卜素、叶绿素、VC 等成分损失越大，大部分被分解破坏，其中胡萝卜素损失则高达 90%"[93]。

1.3.2 外部因素

牧草在干燥过程中除了植物体内部生理生化变化使养分损失外，一些外部因素如机械、暴晒、雨淋及微生物等都可引起营养损失[94]。

1.3.2.1 机械损失

干草在晾晒过程中，由于牧草尤其是豆科牧草各部分的干燥速度不一致，在干草调制过程中，叶片等营养价值含量高的部位极易脱落而损失。吴良鸿（2008）指出"一般禾本科牧草叶片损失为2%～6%，豆科牧草叶片损失较大，为10%～35%，叶片损失占全重的12%，其蛋白质的损失约占总蛋白质含量的40%"[95]。机械损失的影响程度与植物种类、刈割时间及干燥技术有关[96]。为了减少损失，应适时刈割，在牧草细嫩部位不易脱落时及时集成各种草垄或小草堆进行干燥。

1.3.2.2 暴晒损失

干草晾晒过程中，由于受到阳光的直射而引起光化学作用，致使植物体内胡萝卜素、叶绿素以及维生素C等成分被破坏而造成损失[97-98]。其损失程度与日晒程度和时间以及调制方法有关。李毓堂（2000）研究表明"不同的干燥方法，对干草中保留的胡萝卜素含量的影响有着很大差异"[99]，如表1.3所示。

表 1.3 干燥方法对牧草胡萝卜素含量的影响

干燥方法	胡萝卜素保持量/（mg/kg）	损失量/%
人工干燥	135	15.6
阴干干燥	91	43.1
散光干燥	64	60.0
干燥架干燥	54	66.3
草堆干燥	50	68.8
草垄干燥	38	76.3
平摊干燥	22	86.3

1.3.2.3 雨淋损失

干草调制晾晒过程中，降雨是影响干草品质的一个重要因素[100]。田间晾晒过程中，牧草水分含量高于40%时，细胞尚未死亡，此时雨淋则会延长干燥时间，导致呼吸作用所消耗的营养物质增加[101-103]。

同时，雨淋会对微生物的生长创造便利条件，从而导致干草中大量微生物生长繁殖而产生热害，造成牧草营养成分发酵损失[104]。雨淋对干草造成更大的危害是在干草含水量降到 40%以下，此时植物细胞已经死亡，细胞的原生质渗透性提高，淋雨会使可溶性营养物质损失增加[105]。Fomesbes（1999）在雨淋对田间干燥的苜蓿干草营养物质影响的研究中指出"雨淋使苜蓿干草中的纤维素、半纤维素含量明显增加，苜蓿干草的可溶性营养成分损失达 9.7%，其中包括18.8%可溶性碳水化合物，10.2%的粗蛋白及 14.0%的可溶性矿物元素"[106]。

1.3.2.4　热害损失

在干草贮藏后，草堆开始发酵，温度逐渐升高。尤其是牧草在高水分条件下打捆贮藏，会对微生物的生长创造便利条件，从而引起好氧性细菌和真菌的生长，而引发干草温度的升高[107]。孟林等（2008）指出"在打捆后一周，草捆的水分以及呼吸作用产生的水分形成细菌和真菌生长的最适条件，第一个温度高峰就会来临，引起好氧性细菌和真菌生长。如果氧气和温度条件适宜，微生物就会大量繁殖、产热，温度可高达 60℃。温度的升高会抑制大量微生物的生长从而引起草捆内部温度的下降。前期产生的热量能够刺激植物体内的化学反应，从而产生更多的热量。干草中的化合物的氧化作用可以最终引起干草温度高达 230～275℃，在这种情况下，如果有足够的氧气，就会引起干草自燃。但是，草捆在以后几周时间里，由于不同的微生物种群的生长和衰退，经历了几次温度升降之后，温度峰值一次比一次低"[108-111]。

Arinze 等（2008）认为"干草在贮藏过程中持续产热能降低干草的蛋白质和能量的消化率，可溶性碳水化合物和含氮物质的损失较多，纤维素的消化率也随之下降。肽链内和肽链之间可形成新的化学键，其中一些化学键抑制蛋白酶类对蛋白质的水解，从而降低了干草蛋白质的溶解度和消化率"[112-114]。陈越等（2003）指出"蛋白质的破坏程度是通过测定酸性洗涤不溶性氮（ADIN）得知的。在正常情况下，ADIN不应该超过5%,过多的热害能使ADIN超过10%。

在糖类存在的情况下，干草中蛋白质对热破坏的敏感性大大提高，这种破坏是由美拉德反应产生的，温度对该反应的速度有重要影响，在 70℃时的反应速度比 10℃时快 9 000 倍。赖氨酸对该反应尤为敏感，起初反应产物为无色，但可直接变为褐色。温度越高，蛋白质的损失越大，可消化蛋白质也越少。在牧草干燥时，一般情况下，总营养价值损失 20%～30%，饲料单位损失 30%～40%，可消化蛋白质损失 30%左右”[115–116]。

Rotz 等（1998）研究表明“干草在贮藏过程中干物质的损失与发热程度成正比，当草捆的含水量大于 15%时，其含水量每增加 1%，干物质的损失就为最初干物质重量的 1%。由此可见，热害会造成苜蓿干草营养物质的大量损失，在草捆贮藏过程中，应尽量避免热害现象的发生”[117]。

1.4 干草添加剂研究进展

1.4.1 干草干燥助剂研究进展

干燥助剂是指一些化学试剂喷洒到待干燥的牧草上，经过一定的化学反应致使植物表皮的角质层结构发生变化，使气孔开张，改变表皮的蜡质疏水性，从而加快牧草株体内的水分蒸发，提高牧草干燥速度，同时能够有效减少牧草干燥过程中叶片损失，提高干草营养物质消化率[118]。干草干燥剂主要分为以下几类：一是碱金属碳酸盐类，像碳酸钾、碳酸钠等；二是表面活性剂类，主要以长链脂肪酸为主，如 X-77、CE-1295 等；三是营养性干燥剂类，如碳酸钙、磷酸二氢钾以及小分子的有机酸。

国外学者对干草干燥助剂的研究做了大量的工作，现已生产出专用的商品干燥剂，如 Freshcut、Fieldfresh 和 ProPry 等。C.J.Ziemer（1995）对不同干燥剂的使用效果进行了研究，结果表明“以单独使用碳酸钾、混合使用碳酸钾和长链脂肪酸的效果最好”[119]。Meredith（1993）研究认为“碱金属的碳酸盐如碳酸锂、碳酸钾等均可加快苜蓿干燥速度，而钾盐溶液中较为有效的是氢氧化钾和碳酸钾，并且确定碳酸钾的浓度为 0.16 mol/L"[120]。Meredith（1993）在研究了碱金属的碳酸盐对加快苜蓿干燥的影响后，提出"碳酸盐中碱金属离子对水分的渗透有特殊的作用，这种作用随着碱金属离子半径的增加而增强，即其加速苜蓿干燥的效果也更明显"[120]。

国内学者对干燥剂的研究也有不同观点。张秀芬（1987）等研究了 1.5%碳酸钾、0.5%磷酸二氢钾、1.0%碳酸氢钠、2%碳酸钙及 0.5%吲哚乙酸对苜蓿干燥速度的影响，结果表明"碳酸钾和碳酸氢钠的干燥效果好。但以干燥速度、粗蛋白含量、叶量损失、胡萝卜素含量综合评定各药剂的效果，则以碳酸氢钠的效果最好，吲哚乙酸次之，第三为碳酸钙和碳酸钾，5 种药剂中磷酸二氢钾效果最差"[121-122]。王钦等（2002）对紫花苜蓿和禾本科牧草用 0.2 mol/L 碳酸钾进行干燥处理，研究认为"2%浓度碳酸钾效果最佳，紫花苜蓿干燥时间需 72 h，禾本科牧草为 48 h"。在对几种化学药品对紫花苜蓿干燥速率影响的研究中发现"无机药剂氢氧化钾、碳酸钾、碳酸钠、碳酸氢钠间相比，碳酸钾使用效果较好。并且确定碳酸钾的最适浓度为 3%，在有机药剂中以油酸乙酯的干燥效果最好，X-100 曲拉通次之。在无机药品与有机药品的混合物中，以 1.5%碳酸钾+2.5%油酸乙酯+0.1%X-100 曲拉通的效果最好"[123]。

1.4.2 干草防霉剂研究进展

收获的青鲜牧草在干草调制过程中，常因不良气候条件不能适时干燥而使其品质下降。在牧草延长干燥时间或贮藏的过程中，由于霉菌的分解作用使大量的营养物质成分损失，从而降低干草的营养价值[124]。因此，获得优质干草除进行适时刈割外，更为重要的是在加工调制和贮藏过程中最大限度地减少营养物质的损失，防止干草发生霉变。

牧草营养物质的损失与草捆内温度和微生物的活动有直接关系。苜蓿干草在高水分打捆贮藏时如果不采用防霉措施，就会发生热害。Brandt 等（1997）指出，"不添加任何防霉防腐剂进行高水分打捆贮藏，苜蓿粗蛋白质的消化率从 71%降至 53%，干物质的消化率下降5%，干草的消化能也会有相应的损失。所以在干草捆贮藏过程中，添加有机酸类、尿素、胺类化合物以及生物防腐剂等可以有效地抑制微生物的活动，减少营养物质的损失，防止干草在贮藏期间发生变质，有效地保证苜蓿干草的品质，有利于提高牧草的利用率和家畜的生产性能。但是这些防霉剂只能抑制真菌，而不能杀死真菌，所以在整个贮藏过程中只有保持足够浓度，它们才会有长效性"[125]。

1.4.2.1 有机酸类防霉剂

在干草贮藏过程中，将有机物作为干草的防霉剂早已被人们所知。Knapp 等（2001）研究指出，"干草在高水分打捆贮藏时，添加有机酸类物质可以抑制草捆内微生物的活动，有效地保证干草的品质。有机酸类防霉剂的作用效果主要取决于牧草的种类、干草的含水量以及有机酸有效成分的使用量"[126]。

Rotz（1992）研究表明"丙酸及其盐类作为防霉剂，在干草贮藏期间能够有效控制霉菌孢子的生长，对菌类的生长繁殖具有较好的抑制效果。丙酸喷洒在干草表面以后常以两种形式存在，一种是解离型丙酸分子（CH_3-CH_2-COO-）形式，另一种是非解离型丙酸分子（CH_3-CH_2-COOH）形式，其中起抑菌作用的是非解离型丙酸分子游离羧基（-COOH），它能够破坏微生物的细胞，使酶蛋白失活，从而抑制菌类的活动。苜蓿干草在含水量20%～25%进行打捆贮藏时，丙酸及其盐类作为防霉剂的添加量应为1.5%"[129]。韩建国（1994）对含水量为30%的半干苜蓿添加 0.5%的丙酸，并使之与未经防霉处理的含水量为25%的打捆苜蓿比较，结果表明"经防霉处理苜蓿干草粗蛋白含量比未经防霉处理的苜蓿干草高 20%～25%"[130]。Woolford（1996）对有机化合物的防霉效果进行了研究，认为"在仅酸性条件下（pH≤5 时），不需要添加任何防霉剂，即可抑制干草中菌类的生长。当 pH 在 6 左右时，就需要添加防霉剂形成酸性环境来抑制菌类的生长"[131]。

James 等（2005）认为"挥发性脂肪酸尤其是丙酸、丙酸氨是经过测定后最有效的防腐剂。当丙酸与水的比例大于 1.25：100 时，干草捆内几乎没有发热现象。但丙酸只能抑制真菌生长，不能杀死真菌。由于丙酸的挥发性，会导致喷施时的大量损失，同时伴随着蒸发、汽化的损失或是耐药性真菌可使之发生代谢变化。丙酸氨防霉效果要略逊于丙酸，但是比较而言，丙酸氨没有刺激性气味，挥发性和腐蚀性较小，使用更安全"[127]。因此，Lord 等（1991）提出"需要寻找可以转换的物质，或是一种既能抑制霉菌又能添加到丙酸和丙酸氨中防止它们降解的化合物。当丙酸与氨完全或是一半发生中和反应后，可以降低其挥发性和腐蚀性，使操作安全。但是，有耐药性的生物还是能将其代谢并使之在低浓度情况下失活，并使更多的敏感型真菌的生长繁殖"[128]。

1.4.2.2　铵类化合物防霉剂

齐凤林等（2001）研究表明"铵类化合物可有效地杀死霉菌孢子，抑制腐败菌、丁酸菌等大部分有害细菌的繁殖，从而降低草捆内的温度，减少热害损失。同时，由于铵类化合物具有轻微的碱化作用，能够破坏纤维素—半纤维素—木质素这些骨架物质，并通过水解作用使纤维素逐级切短，形成低聚糖或单糖，从而提高干草的消化率。另外，添加铵类化合物，能够提高干草中非蛋白氮的含量，从而提高干草的品质，提高反刍家畜利用率"[132, 133]。目前，铵类化合物已经被成功用于高水分干草打捆贮藏实际生产中。

Thomas（1999）等研究认为"在干草捆中添加 1%的氨可抑制霉菌的生长，同时有利于保存牧草的色泽，有效防止热害的发生"[134]。Henning（1998）等指出"氨化作用可以提高干草的总氮含量，在含水量 30%的苜蓿草捆中注入 1%的无水氨可以有效地降低干物质的损失，同时使粗蛋白的含量增加 6%"[135]。Woolford（1996）等研究认为"在含水量 15%～30%的鸡脚草中加入 3.6%的氨或氢氧化铵都会增加干草中总氮的含量"[131]。

1.4.2.3　尿素

尿素作为干草贮藏的添加剂，国内外学者对此进行了广泛的研究。Tetlow（2005）研究表明"高水分干草上有足够的脲酶使尿素能够迅速分解为氨，从而有效地抑制微生物的生长"[136]。

Henning（1998）等指出"对含水量 33%的苜蓿干草添加 25 g/kg

的尿素后马上测定干草 pH，发现由原来的 7 上升到 8，这说明尿素水解速度较快"[135]。Belanger（2006）认为"在含水量 29%的苜蓿干草中添加 4.6%的尿素后，发现尿素可以有效地控制霉菌的生长，防止热害发生，苜蓿干草具有良好的色泽，同时降低了纤维的含量"[137]。高彩霞（1997）研究发现"苜蓿草在含水量 25%时打捆并添加 4%的尿素，在贮藏期间草捆内一直没有出现发热现象，同时发现尿素的作用效果与打捆时的含水量有密切关系"[84]。G.Alhadrami（1997）研究表明"在干草捆贮藏过程中，添加 4%浓度的尿素处理相比于2%浓度的尿素处理防霉效果更加明显"[138]。

1.4.2.4 生物制剂

对于苜蓿干草高水分打捆应用生物制剂进行保存贮藏，目前的研究主要集中在乳酸菌上，并且结论不尽一致，有待于进一步研究。苜蓿干草在打捆时添加多种同型乳酸菌类共同发生作用，有效地促进发酵产生乳酸、乙酸和丙酸来降低 pH，控制有害微生物的不良发酵，使苜蓿干草得以保存。

Deets（1993）等则指出"苜蓿干草在含水量 20%~25%时添加乳酸菌发酵产品与对照组相比，并不能有效控制草捆温度"[139]。Rotz（1994）等研究发现"生物接种剂在青贮方面起到很好的效果，而苜蓿干草在 20%~25%含水量范围内不能够使乳酸菌良好存活，故认为这些产品在干草的应用研究上效果不明显"[140]。20 世纪 90 年代，美国先锋公司从高水分苜蓿干草上分离出来的天然抵抗发热和霉菌的短小芽孢杆菌，由于它们适应苜蓿干草，能够有效地在有空气的条件下与干草捆上的其他腐败菌微生物进行竞争，因此可作为专用的苜蓿干草防腐剂来使用[141]。

1.5　干草质量评定标准

干草的品质直接影响家畜的采食量及其生产性能[142]。通常认为，干草品质的好坏，应根据干草的营养成分含量和消化率来综合评定。但生产实践中，常以干草的植物学组成、牧草收割时的生育期、干草中叶量和杂草类的比例、干草的颜色和气味以及干草的水分含量等外观特征，来评定干草的饲用价值[143-144]。当然这些物理性质与适口性及营养物质含量有密切联系。优良干草应当含有家畜所必需的各种营养物质和较高的消化率与适口性，也就是说单位重量干草应含有较多的饲料单位、可消化蛋白质、丰富的矿物质以及适量的维生素。

1.5.1　感官方面

优质干草一般颜色较青绿，气味芳香，叶量丰富，茎秆质地柔软，营养成分含量高，消化率高[145]。

1.5.1.1　颜色

干草色泽是评定干草品质的依据之一。优质干草颜色较绿，茎、叶色泽越绿，则说明干草养分越高，其营养物质损失越少，所含的可溶性营养物质、胡萝卜素及其他维生素也越多[146]。若是呈淡黄色，说明养分较少；呈浅白色，则说明刈割太晚或经雨淋；有褐色斑点或白毛状物质则说明已经发霉变质。

1.5.1.2　含水量

干草的含水量应该在 15%～18%。

1.5.1.3　叶量的多少

干草中含叶量的多少，是确定干草品质的重要指标[147]。一般情况下，叶量越多，干草的营养价值越高。一般禾本科青干草叶片不易脱落，而优良豆科干草的叶重量应占总重量的 30%～40%。

1.5.1.4　气味

优质干草一般都具有较浓郁的芳香味。

1.5.1.5　病虫害的感染情况

凡是经病虫感染过的饲草调制成的干草，不仅营养价值低，而且有损于家畜的健康[148]。所以干草中应尽量避免含有病虫害感染的植物。

1.5.2　营养成分

Schonher 等（1996）认为"干草的品质应根据消化率及营养成

分含量来评定，其中粗蛋白质、中性洗涤纤维、酸性洗涤纤维是青干草品质的重要指标。蛋白质含量的高低是评价苜蓿干草品质最重要的标准之一。蛋白质含量的高低因苜蓿品种、生育期、茎叶比、调制方法而有差异。据测定，初花期刈割的苜蓿粗蛋白含量为 20%～25%，盛花期刈割的为 18%～20%。市场上暂以 15%为标准，但优质苜蓿草粉粗蛋白含量应略高于 15%"[149]。

许多国家对干草品质都制定有统一的评定标准，并根据标准划分干草等级，作为干草质量检验和评定的依据。目前，美国饲草和草地协会根据干草市场需要，主要以粗蛋白质（CP）、中性洗涤纤维（NDF）、酸性洗涤纤维（ADF）、可消化干物质（DDM）、干物质采食量（DMI）和相对饲喂价值（RFV）等作为评定指标，在此基础上制定了豆科、豆科与禾本科混播饲草的 6 个等级（表 1.4）[150]。

表 1.4　豆科、豆科与禾本科混合干草质量标准　　　　单位：%

质量标准	CP	ADF	NDF	DDM	DMI	RFV
特级	>19	<31	<40	>65	>3.0	>151
1 级	17～19	31～35	40～46	62～65	3.0～2.6	151～125
2 级	14～16	36～40	47～53	58～61	2.5～2.3	124～103
3 级	11～13	41～42	54～60	56～57	2.2～2.0	102～87
4 级	8～10	43～45	61～65	53～55	1.9～1.8	86～75
5 级	<8	>45	>65	<53	<1.8	<75

注：DDM：可消化干物质（%）= 88.9−0.779ADF;

　　DMI：干物质采食量（%）= 120/NDF;

　　RFV：相对饲喂价值（%）= DDM×DMI ÷ 1.29，RFV 为 100%的标准干草含 41%的 ADF 和 53%的 NDF。

1.6　粗饲料饲用价值评定方法

1.6.1　粗饲料饲用价值评定指标

目前国内外对于粗饲料的评定已提出多个指数，如饲料相对值

（RFV）、质量指数（QI）、可消化能进食量（DEI）以及粗饲料相对质量（RFQ）[151]。当粗饲料被作为唯一的蛋白质和能量来源时，以上每种指数都包括粗饲料的随意采食量和以下任意一种可利用能，如可消化能（DE）、可消化干物质（DDM）及总可消化养分（TDN）。

在上述粗饲料评定指数中，RFV 作为美国唯一广泛使用的粗饲料质量评定指数，目前被许多国家所采用，它是由美国干草市场特别工作组提出的，由美国国家牧草测试协会（NFTA）实验室发布，是衡量粗饲料价值的标准[152]。

RFV 是由干物质采食量（DMI）和牧草中的 DDM 含量决定的，由于两者的相关性不高，所以对 DMI 和 DDM 的预测值进行计算即可得到 RFV。NFTA 所用预测模型如下：

DMI（%）＝120/NDF（%）

DDM（%）＝88.9－0.779×ADF（%）

RFV＝ DMI×DDM/1.29

公式中除以 1.29，在盛花期苜蓿的 RFV 值为 100。RFV＞100，表示牧草质量较好。从模型中可以看出，RFV 值最终由 NDF 和 ADF 所决定。

1.6.2　粗饲料饲用价值评定方法

随着饲料检测技术的进步和动物消化生理试验的研究，国内外学者对粗饲料的评定技术取得了很大的进展。对常规粗饲料评价方法的研究大致经历以下几个阶段：第一阶段，18 世纪 50 年代发展起来的概略养分分析法、范氏纤维分析和现代仪器分析、活体内法（In Vivo）[153]；第二阶段，20 世纪 30 年代提出的半体内法，主要指尼龙袋法，尼龙袋（In Sacco）技术虽然在饲料研究中应用最为广泛，但在实际应用中，仍然存在着一定的局限性；第三阶段，20 世纪 50 年代建立的体外法（In Vitro），它包括两步法和产气法（The Gas Production Method）；第四阶段，在 20 世纪 70 年代发明的人工瘤胃持续发酵法[154]；第五阶段，在 20 世纪 90 年代开始采用的近红外反射光谱测定技术（Infrared Reflectance Spectroscopy），还有酶解法、溶解度法（用于评定蛋白质降解率）等[155]。

分析饲料中营养成分的含量是配制日粮的关键[156]。物理化学分析法是饲料营养价值评定的常用方法，如粗蛋白、粗脂肪、中性洗涤纤维、酸性洗涤纤维和胡萝卜素等测定方法[157]。但利用此法测得的饲料养分与生产实际中动物消化吸收养分间存在很大差异，它不能够完全反映出饲料实际的营养价值。所以利用动物实验能够比较准确地对饲料营养价值进行评定，随着技术的进步和动物消化生理的研究进展，人们广泛采用体内法、半体内法和体外法来研究饲料的营养价值[158]。体外法与体内法和尼龙袋法相比较，具有操作简便、容易标准化、重复性好等优点，逐渐成为研究的重点。

1.6.2.1　体内法

通过体内法可以直接评定饲料在瘤胃内的降解率。体内法是通过采用食糜流通量的测定方法，计算出在瘤胃内饲料的降解部分与非降解部分[159-161]。Richard（1999）等指出"采用体内法对饲料的营养降解率进行测定，只有采用差减法和回归法才能估测出饲料的营养降解率"[162]。Jefferson（1999）认为"通过体内法测定粗饲料蛋白质瘤胃降解率，其方法主要有差异法和梯度日粮法，差异法是通过测定十二指肠食糜中的微生物蛋白质和非氨态氮，从而计算出蛋白质瘤胃降解率。但由于十二指肠食糜中内源氮含量大都是估测值，所以此法应用起来较难"[163-165]。梯度日粮法是指将待测饲料按照不同梯度添加到反刍动物的基础日粮中，测定十二指肠食糜中非氨态氮与摄入氨基酸的线性关系，从而计算出蛋白质瘤胃降解率[166-168]。由于体内法方法与动物的生理条件最接近，所以常作为其他方法的参考。但是体内法往往耗时、费力，大量的饲料样品在短时间内很难进行评价分析，结果变异较大，重复性差，限制了其实用性。

1.6.2.2　半体内法

目前普遍采用尼龙袋法来测定瘤胃内饲料的营养物质降解率。尼龙袋法是将待测饲料放入尼龙袋中，通过瘘管放入动物瘤胃内进行培养，然后在不同培养期取出尼龙袋，测定饲料各营养成分在瘤胃内不同培养期的消失率，再结合该饲料在瘤胃的流通速率（KP）

计算出料各营养成分的降解率[169]。Mehrez（1997）认为"尼龙袋法可作为测定瘤胃内饲料营养物质降解率的常规方法"[170]。Siddons（2002）对尼龙袋法和体内法的关系进行了分析比较，进一步完善了尼龙袋法的操作技术，使尼龙袋法逐渐成熟[171]。但是尼龙袋法在实际运用过程中也存在一定的局限性，卢德勋（1991）研究表明"饲料在尼龙袋内的消失率能够反映瘤胃中的消化生理试验情况，它与动物的采食量以及消化率有一定的相关性。在实际操作中尼龙袋的质量及规格、培养时间、冲洗方法、饲养水平以及实验动物的品种等因素较难控制，因此要对上述影响因素加以控制，使尼龙袋法操作技术日趋标准化"[172]。

1.6.2.3　体外法

随着技术的进步，越来越多的学者利用动物体外消化模拟技术来研究饲料的营养价值。所谓的体外法是指在活体外进行，在实验室条件下即可完成对饲料营养物质降解率进行评定的方法[173–175]。体外法主要包括模拟人工瘤胃技术法、酶解法和溶解度法。模拟人工瘤胃技术法是指通过采集动物瘤胃液，将待测饲料进行体外培养，通过模拟瘤胃内发酵环境，从而测定饲料中营养物质的降解率[176]。酶解法是指将瘤胃液用酶溶液替代，从而对饲料营养物质降解率进行评定的方法，祁凤华等（2005）研究显示"酶解法作为精饲料的营养价值评定方法是比较成熟的，但对于能否准确评定粗饲料营养价值，有待于进一步研究"[177–179]。Atzema 等（2005）认为"溶解度法是指通过饲料在相似溶剂或缓冲溶液中的溶解度来测定饲料营养物质降解率的方法，但此法不能如实反映饲料中营养成分的动态降解规律"[180–181]。

经过几十年的发展，体外法消化测定技术由简单向复杂，从只能估测饲料干物质和蛋白质营养价值，到还能估测钙磷、粗纤维等物质的营养价值趋势发展[182–184]。Menke 等成功应用体外产气法预测发酵底物的营养价值，因其方法简便、经济、快速而被广泛用于评定饲草的营养价值[185–186]。张吉鹍等（2003）指出"与体内法相比，采用体外法消化测定技术，能够使待测饲料的发酵条件、发酵时间达到一致，能够准确测定发酵产物的产量，从而更科学地评定饲料的营养价值。同时体外法消化测定技术成本较低，故在反刍动物上的应用研究范围较广。因此，体外法是一种更科学的饲料营养价值评定方法，此法能够更好地比较饲料营养物质降解率，并能通过消化率差值法研究日粮养分摄入量对内源养分排泄量的影响，只要在实际应用中将干扰体内消化率测定结果的因素尽可能考虑周全，并将其影响量化到所建立的回归方程中，就可以得出较为准确的体内消化率估测值"[187-190]。

1.7 研究目的及意义

目前，处于转型期的我国草地畜牧业，正面临着天然饲草资源的衰减以及饲草加工技术体系不健全等诸多问题，这些问题给畜牧业，特别是养殖业的持续、稳定以及快速发展带来了很大的困难，使得草畜矛盾成为制约畜牧业可持续发展的瓶颈[191-194]。随着畜牧业的发展，国内外畜牧业发展成功的经验证明，干草是现代畜牧业发展不可替代的重要饲料形式。作为能够适应节约型、质量型畜牧业经营发展模式的干草加工技术虽然在我国已经使用多年，但是由于缺乏对干草加工技术基础理论知识以及相应工艺条件的系统研究，导致在实际生产中，干草生产加工的效益没能得到充分发挥[195-197]。

苜蓿作为世界上应用最广、经济价值最高的优质蛋白饲料作物，在现代草业的可持续发展中具有突出的地位[198-200]。苜蓿的收获、干燥及贮藏是确保苜蓿在高产基础上获得优质草产品的关键，直接影响到种植业和养殖业的经济效益。发达国家采用脱水机械生产脱水苜蓿，但这种方法能源消耗以及设备成本高，相比之下田间自然干燥工艺简单、经济实用，仍然是许多国家干草生产的主要方式。但是目前我国苜蓿干草的调制、加工工艺水平还较低，人们对苜蓿种植、收获、加工、贮藏及利用等方面仍存在认识不足、方法不当的问题，从而造成苜蓿的经济及使用价值严重降低，在质量上还无法与国际市场上同类产品比较[201]。因此，迫切需要开展此方面的工作，提高苜蓿干草质量，为生产实践提供理论依据和技术支持。

作为草业工作者，该问题也是作者和研究团队一直想着力解决的问题。目前，国内外学者对苜蓿干草调制方面的研究报道较多，但是多数研究者只是单独针对某一方面内容进行研究，譬如苜蓿干草的田间调制方面、打捆贮藏方面以及饲用价值评定方面，而对苜蓿干草进行全面的系统的研究较少。为此，本书以"草原 2 号"苜蓿为试验材料，从苜蓿收获、加工、贮藏到消化利用进行全面、系统的研究，从而探索适合华北地区苜蓿干草调制的关键技术，旨在寻找出苜蓿干草最佳生产工艺条件，为农牧民生产提供理论依据。

1.8　整体思路及研究技术路线

1.8.1　整体思路

本书以"草原 2 号"苜蓿为试验材料，对苜蓿从干草调制、贮藏到消化利用等方面进行系统的研究。整体上分为三部分：

第一部分，苜蓿干草田间调制关键技术研究。将苜蓿适时刈割以后，采用不同处理方法对苜蓿进行田间调制晾晒，分别从苜蓿水分散失规律、叶片损失率、主要营养指标变化以及不同干燥方法对苜蓿茎、叶解剖结构的影响等方面进行研究分析，进一步从微观角度剖析其干燥机理，探索苜蓿干草田间调制过程中最佳处理方法。

第二部分，复合型天然防霉剂对苜蓿干草捆贮藏效果的研究。通过复合型天然防霉剂最佳配比组合筛选试验，同时结合苜蓿干草田间调制的最佳工艺条件，将筛选出的最佳配比复合型天然防霉剂FA 添加到不同处理苜蓿干草中进行打捆贮藏试验，分别从贮藏过程中苜蓿干草水分、干物质损失情况、温度的变化、真菌种群变化、贮藏后感官评定以及不同处理苜蓿干草捆贮藏期内品质变化等方面深入研究，并结合添加剂成本进行综合分析，得出营养成分保存最好、防霉效果最显著的干草贮藏方法。

第三部分，苜蓿干草体外消化特性及适口性的研究。采用体外法对不同处理打捆贮藏的苜蓿干草进行体外消化培养试验，测定其培养过程中的产气量、pH、VFA（挥发性脂肪酸）、体外消化率等指标，并结合苜蓿干草营养成分指标以及霉菌状况，动物适口性、添加剂成本等因素进行综合评定，最终得出苜蓿干草调制的最佳处理组合。

1.8.2　研究技术路线

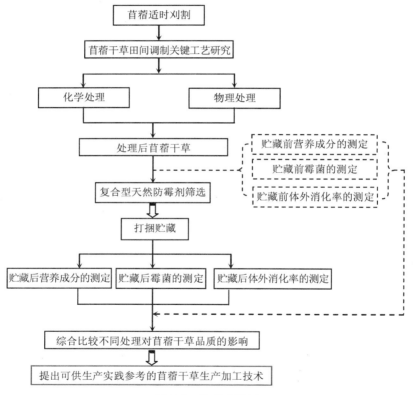

图 1.1　技术路线图

第2章
研究材料与方法

2.1 试验地点及其概况

试验地位于内蒙古自治区农牧业科学院托克托科研基地。该基地位于呼和浩特市托克托县境内，内蒙古自治区中部、大青山南麓、黄河上中游分界处北岸的土默川平原，地处东经 111°2′30″～111°32′21″、北纬 40°5′55″～40°35′15″，平均海拔 1 132 m。属于中温带大陆性气候，四季气候变化明显，日照充足，年均气温 7.3℃，年均降雨量 362 mm。

2.2 试验材料

以种植第四年第一茬草原 2 号苜蓿为试验材料。草原 2 号苜蓿具有生长速度快、返青早、抗寒、抗旱、抗病性强、耐盐碱、越冬率高、对土壤条件要求不高等特点。试验原料于 2008 年 7 月取自内蒙古自治区农牧业科学院托克托科研基地苜蓿试验田，试验田地势平坦，苜蓿长势均匀，未经施过任何肥料。

2.3 试验设计

2.3.1 苜蓿干草田间调制关键工艺条件的研究

2.3.1.1 试验材料的准备

通过对试验原料采集地苜蓿试验田的调查和鉴定，随机选取生长状况良好的苜蓿植株作为试验材料，所取材料均处于初花期。于2008年7月10日用收割机收割后，按照不同处理准备。

压扁处理即苜蓿在刈割时实施机械压扁，刈割压扁机（型号为FC202R），压扁的茎秆上可见有多处折痕但不分开，用手捏压茎秆有松软感，随着苜蓿水分的散失，组织细胞脱水收缩，茎秆上可见有纵向裂纹。切短处理即苜蓿刈割后，采用切割机进行切短，大约在植株中间部位，将其切成两段。

2.3.1.2 试验方法

本试验采用正交试验设计。试验采用四种物理处理方式：对照、压扁、切短、切短+压扁（以下简称切+压）；采用两种化学处理方式：喷施干燥助剂碳酸氢钠和碳酸钾，干燥助剂添加剂量分别设为 4 个量值：0%、2%、2.5%、3%。每个处理设置 3 个重复。用小型手压喷雾器将干燥助剂均匀喷洒到刚收获的对应各处理苜蓿草中，喷洒量为 10 mL/kg，对照组喷洒等量的水，喷洒过程中，使之尽量喷洒均匀。具体试验设计见表 2.1。

为接近生产条件，苜蓿刈割后均匀摊晒在晾晒场，晾晒场地为砖地，且通风条件良好。晾制时草堆的厚度约为 15 cm，宽约 40 cm。处理过程中每 4 h 翻动草层一次，采用 4 齿铁叉人工进行翻晒。通过自然干燥，晾晒过程中采用微波炉来监测牧草的含水量。从苜蓿收割到各处理试验材料准备结束大约需半小时，本试验从试验材料准备结束开始计时（上午 9∶00），分别在晒制 0 h、4 h、8 h、12 h、18 h、24 h、28 h、32 h、36 h、40 h、44 h、48 h、50 h、52 h 后进行取样。

表 2.1 喷施干燥助剂碳酸钾结合物理处理正交试验设计表

试验号	因素	
	碳酸钾添加量/%	物理处理
A1	0	对照
A2	0	压扁
A3	0	切短
A4	0	切+压
A5	2	对照
A6	2	压扁
A7	2	切短
A8	2	切+压
A9	2.50	对照
A10	2.50	压扁
A11	2.50	切短
A12	2.50	切+压
A13	3	对照
A14	3	压扁
A15	3	切短
A16	3	切+压

表 2.2 喷施干燥助剂碳酸氢钠结合物理处理正交试验设计表

试验号	因素	
	碳酸氢钠添加量/%	物理处理
B1	0	对照
B2	0	压扁
B3	0	切短
B4	0	切+压
B5	2	对照
B6	2	压扁
B7	2	切短
B8	2	切+压
B9	2.50	对照
B10	2.50	压扁
B11	2.50	切短
B12	2.50	切+压
B13	3	对照
B14	3	压扁
B15	3	切短
B16	3	切+压

2.3.1.3 试验测定指标

测定指标包括：含水量、茎叶比、粗蛋白（CP）、粗灰分（CA）、粗脂肪（EE）、粗纤维（CF）、中性洗涤纤维（NDF）、酸性洗涤纤维（ADF）、无氮浸出物（NFE）、总可消化营养物质含量（TDN）以及苜蓿茎、叶显微结构的观察。

2.3.1.4 指标测定方法

（1）含水量、粗脂肪、粗灰分、粗纤维的测定

参照杨胜（1993）主编的《饲料分析及饲料质量检测技术》进行测定[202]，即含水量采用减重法进行测定，CA 采用《饲料中水溶性氯化物的测定》（GB 6439—2007）燃烧法，EE 采用索氏脂肪提取法，CF、NDF、ADF 均采用范氏纤维测定法测定。

（2）粗蛋白的测定

采用杜马斯快速定氮仪进行粗蛋白质的测定（工作条件：一级氧化管温度：960℃，二级氧化管温度：800℃，还原管温度：800℃）。具体步骤：称取未知样品 100～150 mg 包裹在锡箔纸中，压制成药片状并检查是否有破损现象，若有则弃之，完好则直接放入样品盘中，把称得样品重量直接输入软件系统，等待检测。每个样品的检测时间为 6 min，从电脑直接读取检测数据。

（3）茎叶比的测定

茎叶比：参照农业行业标准《豆科牧草干草质量分析》（NY/T 1574—2007）[203]，分别获得苜蓿茎和叶的干重，按以下公式计算：

$$茎叶比＝茎的烘干重/叶的烘干重 \qquad (2\text{-}1)$$

（4）无氮浸出物的测定

无氮浸出物计算方法见公式（2-2）：

$$无氮浸出物＝1–（粗脂肪\%+粗纤维\%+粗灰分\%+粗蛋白质\%）$$
$$(2\text{-}2)^{[202]}$$

（5）总可消化养分

采用修奈达氏（SCHNEDER）方法，用饲料成分的分析值求总消化养分 TDN。TDN 计算方法见公式（2-3）。

$$Y＝c+b_1×X_1+b_2×X_2+b_3×X_3+b_4×X_4 \qquad (2\text{-}3)^{[202]}$$

式中：Y——总消化养分（TDN）；

　　X——X_1、X_2、X_3、X_4 分别代表干物质中粗蛋白、粗纤维、粗脂肪、无氮浸出物的百分含量；

　　C——各个种的常数；

　　b——b_1、b_2、b_3、b_4 分别代表饲料中粗蛋白质、粗纤维、粗脂肪、无氮浸出物所对应的系数。

表 2.3　干草饲料 TDN 计算公式系数含义

系数名称	常数（C）	粗蛋白质（b_1）	粗纤维（b_2）	粗脂肪（b_3）	无氮浸出物（b_4）
数值	200.8	−1.182	−2.616	0	−0.949

（6）茎、叶显微结构的观察

采用石蜡切片技术，将试验材料进行茎叶分离，选取含有叶脉部分的叶片，沿叶脉切成 3～4 mm 宽的长条，再横切成 3～4 mm 的小片，切好后一部分放入 2.5%的碳酸氢钠溶液中浸泡 60 s 后置于 FAA 固定液中固定保存；一部分放入 2.5%的碳酸钾溶液中浸泡 60 s 后置于 FAA 固定液中固定保存，另一部分直接放入 FAA 固定液中固定。将苜蓿茎秆横切成 5～7 mm 长的小段，处理方法同上述叶片处理。

将 FAA 固定液中的材料切成 10～12 μm 厚的切片，进行番红固绿对染，中性树胶封片，然后在 Olympus 光学显微镜下对切片进行观察并拍摄照片，同时采用 Photoshop8.0 软件测量尺进行测量[204]。

2.3.2　复合型天然防霉剂对苜蓿干草捆贮藏效果的研究

2.3.2.1　试验材料

以上述试验中最佳处理调制的苜蓿干草为试验原料，同时设定未经任何处理的在晾晒场自然晒制的苜蓿干草作为对照，添加复合型天然防霉剂进行打捆贮藏。

复合型天然防霉剂各组分为氧化钙（CaO）、陈皮、沸石粉，均选购于市场，陈皮经粉碎机粉碎过 40 目筛，氧化钙为新乡市源丰钙业有限公司生产，沸石粉为宁海县嘉和化工有限公司生产。

2.3.2.2　试验方法

采用正交试验设计，进行高水分（含水量 28%～30%）打捆贮藏防霉试验。打捆密度为 168 kg/m³。复合型天然防霉剂为氧化钙、陈皮、沸石粉。其中氧化钙的添加量设为 4 种量值：0%、1%、2%、3%；其中陈皮的添加量设为 4 种量值：0%、0.1%、0.2%、0.3%，沸石粉的添加量设为 4 种量值：0%、1%、2%、3%。根据表 2.4 中复合型天然防霉剂不同组合配比，将固体防霉剂均匀撒到苜蓿干草上（添加防霉剂时，注意计算撒落的防霉剂重量），之后采用打捆机（型号为 MARKANT55）进行打捆。每个处理设置 3 个重复，每个草捆重约 15 kg。然后将草捆置于贮草棚贮存，贮草棚通风良好，草捆采用梯形堆垛方式，草捆之间留有 25～30 cm 空隙，以保证通风。

表 2.4　复合型天然防霉剂筛选正交试验设计表

试验号	因素		
	氧化钙/%	陈皮/%	沸石粉/%
1	0	0	0
2	0	0.1	1
3	0	0.2	2
4	0	0.3	3
5	1	0	1
6	1	0.1	0
7	1	0.2	3
8	1	0.3	2
9	2	0	2
10	2	0.1	3
11	2	0.2	0
12	2	0.3	1
13	3	0	3
14	3	0.1	2
15	3	0.2	1
16	3	0.3	0

如表 2.4 所示，按三种防霉剂不同组合配比调制的复合型天然防

霉剂添加到苜蓿干草捆进行打捆贮藏。贮藏 90 d 后进行霉菌数量、CP 含量以及 TDN 值的测定，综合评定后筛选出各因素的最适添加水平，确定复合型天然防霉剂（FA）。

具体试验设计如表 2.4 所示。

将筛选出的最佳配比组合复合型天然防霉剂 FA，添加到苜蓿干草中打捆贮藏，同时设置几组处理作为对照组（如表 2.5 所示），分析比较复合型天然防霉剂 FA 及其他处理对苜蓿干草贮藏期内品质的影响，探讨苜蓿干草捆贮藏的最佳方式。

具体试验设计如表 2.5 所示。

表 2.5　苜蓿干草捆贮藏试验设计方案

处理	备注
FC	田间晒制过程中未经任何处理，晾晒至干草含水量 28%～30%，添加 FA（FA 为筛选出的最适用量）
SL	低水分对照处理，即干草含水量 17%～18%
SH	高水分对照处理，即干草含水量 28%～30%
FR	压扁结合喷施 2.5%碳酸钾进行田间晒制，干草含水量为 28%～30%，添加 FA

2.3.2.3　试验测定指标

分别在草捆贮藏 0 d、10 d、21 d、33 d、90 d、360 d 时，用取样器在各处理草捆中不同部位进行取样并混合均匀，制成重 500 g 的初始样本测定指标包括含水量、DM、CP、CF、NDF、ADF、CA、EE、NFE、TDN、霉菌种类及数量。

2.3.2.4　指标测定方法

（1）含水量、粗脂肪、粗灰分、粗纤维等营养指标的测定

测定方法同 2.3.1.4。

（2）霉菌的测定

1）分析样品制备

分别在草捆贮藏 0 d、10 d、21 d、33 d、90 d、360 d 时，用取样器在各处理草捆中不同部位进行取样并混合均匀，将不同处理草

捆样品装入自封袋中，迅速送回实验室，进行霉菌数的测定。

2）PDA 培养基的制备

取新鲜生长状况良好的马铃薯 200 g，琼脂 20 g，葡萄糖 20 g，蒸馏水 1 000 mL。将马铃薯洗净、去皮后切碎成小块煮沸 20 min，然后用 4 层纱布过滤，加入葡萄糖、琼脂以及蒸馏水至 1 000 mL，灭菌 20 min，制备好培养基待用[84]。

3）真菌的分离

采用平板稀释法：称样品 10 g 于盛 100 mL 无菌水的三角瓶中，摇动约 5 min，取菌悬液 1 mL 放入 9 mL 无菌水的试管中，配成 10^{-1} 的菌悬液，再从 10^{-1} 浓度的菌悬液试管中吸 1 mL 加入另一支 9 mL 无菌水的试管中，配成 10^{-2} 浓度的菌悬液。以此类推，配成 10^{-3} 浓度的菌悬液。取浓度为 10^{-2}、10^{-3} 两个浓度，分别取 1 mL 加入无菌培养皿中，每个稀释度做两个重复，然后倒入经溶解后温度为 45℃ 左右的 PDA 培养皿中，摇匀，冷凝后于 28℃ 恒温箱中培养，第 3 天待长出小米大小白色菌落时进行记数，再培养 2 d，待菌落长出颜色，能区分开不同菌落时开始进行优势种的统计，并将各类不同菌落挑取转移到试管斜面，记上菌株编号，经 28℃ 培养 7 d。

4）真菌的纯化

将无菌水加入培养好的菌株试管斜面内，用无菌接种环括下斜面上的分生孢子，倒入无菌过滤装置，流下的滤液即为孢子悬浮溶液。按照上述平板稀释法进行单孢子分离，长出的菌落即为单个孢子的后代，挑取相互距离远的菌落转植于试管斜面上，每菌转 5 只，28℃培养 7 d 后，可做鉴定用。

5）真菌的鉴定

采用载片湿室培养法观察菌体形态及繁殖结构特征，在显微镜下观察并照相，用培养皿培养 14 d，观察培养特征并照相。

6）草捆霉菌数量检测及霉变观察方法

霉菌数量检测按《饲料中霉菌总数的测定》（GB/T 13092—1991）标准检测[205]。草捆霉变标准按外观色泽及发霉情况记录。

霉变观察、记录项目：①色泽、气味的变化；②贮藏温度：草捆贮藏第一个月，每日定时记录草捆中的温度；③发霉变质情况：贮藏过程中用肉眼或借助放大镜观察，凭经验判定是否发霉变质。

2.3.3　苜蓿干草适口性及体外消化特性的研究

2.3.3.1　试验设计

以不同处理组苜蓿干草捆作为试验材料，在不同贮藏期（贮藏 0 d、10 d、21 d、33 d、90 d、360 d）取样，进行苜蓿干草体外消化特性的研究。具体实验设计见表 2.5。另外对贮藏 360 d 的苜蓿干草进行动物适口性实验。

2.3.3.2　适口性实验

适口性实验供试家畜选用绒山羊，采用"定时定量""单笼单饲"方式进行测定，每天分 3 次进行饲喂，将不同处理的苜蓿干草切短后，每次投放 0.2 kg 苜蓿干草，同时配以精粗比例为 1∶1 的配合饲料 0.3 kg，苜蓿干草及配合饲料分别放入不同饲槽中饲喂，每天 7:00、12:00、19:00 进行饲喂。每种处理干草选 3 只供试羊，预饲期 7 d，正式饲喂 3 d，记录试验数据。

2.3.3.3　体外消化特性实验方法

（1）样品制备

将样品粉碎后过 40 网目标准筛，然后在 105℃条件下干燥 6 h，作为备用样品。用聚丙烯小勺称取样品 200 mg±10 mg，有饲料样品的小勺用橡胶接头固定到一个玻璃棒上，等量转移到注射器的密封端。每个样品称取 3 个平行样，每批培养有 3 个空白样。称完所有的样品后，用凡士林涂抹注射芯，插入注射器。此时注意不要把样品从注射口吹出，然后把注射器放在 39℃的培养箱中。

（2）试剂的准备

常量元素液（A 液）的配制：Na_2HPO_4 5.7 g、$MgSO_4 \cdot 7H_2O$ 0.6 g、KH_2PO_4 6.2 g，用蒸馏水溶解冷却后定容至 1 000 mL；

微量元素液（B 液）的配制：$CaCl_2 \cdot 2H_2O$ 16.12 g、$MnCl_2 \cdot 4H_2O$ 10.0 g、$CoCl_2 \cdot 6H_2O$ 1.0 g、$FeCl_2 \cdot 6H_2O$ 0.8 g，用蒸馏水溶解冷却，定容至 100 mL；

还原液的配制：在培养的当天进行配制。将 4.0 mL 的 1mol/L 的 NaOH 溶液和 625 mg $Na_2S \cdot 9H_2O$ 加入 95 mL 蒸馏水即可；

刃天青溶液的配制：用蒸馏水溶解 100 mg 刃天青，冷却并定容至 100 mL；

缓冲溶液的配制：将 35.0 g $NaHCO_3$ 与 4.0 g NH_4HCO_3 用蒸馏水溶解，冷却并定容至 1 000 mL 即可。

（3）培养液的制备

按照上述方法制备 A 液和 B 液，根据用于培养的注射器数计算所需缓冲液量。把微量矿物盐、常量矿物盐、缓冲液、刃天青以及蒸馏水在平底烧瓶里按照培养注射器数混匀（表2.6），放在39℃的培养箱中，缓慢通入 CO_2，持续 15～20min，用磁力搅拌器不断搅动培养液。同时准备还原液，将其加入培养液中。培养液的颜色先变成粉红色，最终变成无色。

（4）实验装置

使用上海金鸽牌玻璃注射器作为人工瘤胃体外发酵装置，其规格为内径 32 mm，长 200 mm，刻度体积为 100 mL。注射器顶端带有可打开和关闭的塑料三通阀以保证厌氧环境，注射器每次使用之前洗净晾干，然后用少量凡士林均匀涂在注射芯的四周，以防漏气，而且可尽量减少气体产生过程中活塞向上移动的阻力[193]。采用 WHY-2 数显往返恒温水浴摇床，振荡频率及水浴温度根据实际情况进行调节。

（5）瘤胃液的选取

瘤胃液的质量要求必须具有典型性与稳定性，以减少误差。从装有瘤胃瘘管的供体羊，采集的瘤胃液包括固相部分和液相部分（比例为1∶2），放在保温瓶中，迅速带到实验室。在缓慢通入 CO_2 的条件下，用 3 层纱布过滤瘤胃内容物到预热的烧瓶中，以保留接种菌及其所需的营养素，如戊酸、微量元素和蛋白质等。称量过滤后所需的瘤胃液，加到装有培养液的烧瓶中，往培养液中持续通入 CO_2。

表 2.6　体外培养液的配制　　　　　　　　　　单位：mL

培养器数	A 液	B 液	刃天青溶液	缓冲液	瘤胃液	还原液	蒸馏水
30（个）	155	0.08	0.8	155	325	33.3	310

（6）消化液的分装

通过安在注射口的硅胶管将 30 mL 接种液（瘤胃液和培养液的混合物）分装到注射器中。立即盖上带有放气阀门的橡皮塞，盖紧密闭后，放入 38～39℃的恒温水浴摇床中培养。

（7）记录读数

分别在 0 h、2 h、4 h、8 h、12 h、18 h、24 h 记录每个注射器的刻度数。

2.3.3.4　试验测定指标

测定指标包括：体外产气量（GP）、测定培养不同时间点的 pH、挥发性脂肪酸（VFA），以及 DM、CP、NDF 和 ADF 的降解率。

2.3.3.5　指标测定方法

（1）样品预处理

24 h 各时间点培养结束后，将注射器放入 4℃的冰水中终止发酵并测定每瓶瘤胃液的 pH，发酵残留物用尼龙布过滤、蒸馏水洗涤，测定 DM，以计算 DM 的消化率，同时测定 NDF 的消化率。将滤液无损失地转移至 100 mL 大离心管中，在 4 000 r/min 离心 15 min，上清液制样以备分析 VFA（挥发性脂肪酸）。

（2）产气量的测定

按上述方法分别培养 2 h、4 h、8 h、12 h、18 h、24 h。记录每个注射器活塞的位置读数（mL）。计算公式为：

某时间点的产气量 GP（mL）＝该段时间样品 GP（mL）－
$$\text{该段时间空白样 GP（mL）} \tag{2-4}$$

将各样品不同时间点的产气量代入由 Rskov E.R 和 M.C.Donald L 在 1979 年提出的模型 $GP = a + b(1 - e^{-ct})$，根据非线性最小二乘法原理，求出 a、b、c 值，其中 a 为饲料快速发酵部分的产气量，b 为慢速发酵部分的产气量，c 为 b 的速度常数，$a + b$ 为潜在产气量，GP

为 t 时的产气量[206]。

（3）pH 和 VFA 的测定

将培养完的试样摇匀，置于 4℃冰箱内浸提 24 h。过滤，取滤液 10 mL 置于 15 mL 离心管中，以 4 000 r/min 离心 15 min，取上清液 4 mL，加入 25%偏磷酸与甲酸按 3∶1 配制的混合液 1 mL，静置 40 min 后，取 1 mL 混合液加入 2.00 g 酸性吸附剂（Na_2SO_4∶50% H_2SO_4∶硅藻土[w/v]＝30∶1∶20）和 4 mL 巴豆酸溶液，摇匀澄清后用惠普 5890 SERIES Gras chromatograph 气相色谱仪分析。

（4）降解率的测定

培养 24 h 后，将发酵残留物用尼龙布过滤，然后用蒸馏水洗涤，在 105℃烘箱中烘干至恒重。DM、CP、ADF 及 NDF 的降解率计算公式为：

$$P（\%）＝[A-（B-C）]/A×100\% \tag{2-5}$$

式中：P——待测饲草的 DM、CP、ADF 及 NDF 的降解率；

A——样品中 DM、CP、ADF 及 NDF 的含量；

B——样本未消化 DM、CP、ADF 及 NDF 含量；

C——空白 DM、CP、ADF 及 NDF 的含量。

2.4　数据处理方法

本书中图、表均采用 Microsoft Excel 2003 制作；数据采用 SAS 统计分析软件（Statistical Analysis System，9.0）进行差异显著性分析。

第 3 章
结果与分析

3.1 苜蓿干草田间调制关键工艺条件研究

3.1.1 田间晾晒过程中苜蓿营养成分变化的研究

3.1.1.1 田间晾晒过程中苜蓿水分散失规律的研究

　　由表 3.1 可以看出，在田间自然晾晒过程中，苜蓿植株体内水分的减少主要发生在晒制初期前 4 h，含水量由 73.5%下降到 49.8%，下降了 23.7 个百分点。晒后第 4～18 h，水分散失速度逐渐减慢，含水量由 49.8%下降到 37.6%。晾晒至 18 h 以后，随着苜蓿体内含水量的减少，水分蒸发速度进一步减慢，到晒后 52 h，含水量降到17.1%，茎叶比为 2.01：1，叶片的损失达到 36.31%。在整个晾晒过程中，随着苜蓿植株体内含水量的降低，茎叶比逐渐增加，尤其在翻晒的过程中叶片损失较多，导致茎叶的比值发生较大的变化，这对苜蓿干草营养成分的含量产生较大的影响。

　　苜蓿在干燥过程中，随着植株体内水分的减少，茎秆所占的比例逐渐增大，叶片损失率增加，其含水量与茎叶比之间的关系呈现直线变化趋势，二者所配合直线的拟合度（相关指数）为 $R^2=0.912$，说明 2 条线拟合得较好，其线性回归方程为：

$$Y=-0.018\ 6X+2.118\ 3$$

式中：X——苜蓿含水量，%；

　　　Y——茎叶比。

该方程表示苜蓿含水量每下降一个百分点，茎叶比增加 0.018 6，呈现直线变化趋势。

表 3.1　苜蓿晾晒期内水分变化规律和叶片损失率

晾晒时间/h	含水量/%	茎占整株比例/%	叶占整株比例/%	茎叶比	叶片损失率/%	平均气温/℃
0	73.5	47.86	52.14	0.92	—	25.5
4	49.8	52.89	47.11	1.12	9.65	
8	47.4	53.73	46.27	1.16	11.26	
12	40.7	56.37	43.63	1.29	16.32	
18	37.6	57.26	42.74	1.34	18.03	
24	34.5	58.48	41.52	1.41	20.37	26
28	28.6	61.02	38.98	1.57	25.24	
32	23.7	62.08	37.92	1.64	27.27	
36	21.3	62.56	37.44	1.67	28.19	
40	20.8	62.98	37.02	1.7	29.00	
44	18.6	63.69	36.31	1.75	30.36	
48	18.3	64.78	35.22	1.84	32.45	24
50	17.6	65.32	34.68	1.88	33.49	
52	17.1	66.79	33.21	2.01	36.31	

注：表中结果均为三次重复测得的平均值（以干物质为基础）。

3.1.1.2　田间晾晒过程中苜蓿整株营养成分的变化

田间晾晒过程中，苜蓿整株营养成分变化如表 3.2 所示。从表 3.2 中可以看出，晾晒过程中，苜蓿 CP 含量总体呈下降趋势，晾晒初期至晒至 12 h，CP 含量由 20.62% 下降至 19.72%，各时间点苜蓿

CP 含量差异极显著（$P<0.01$）。晾晒至 40 h，CP 含量进一步下降，但下降速度较晾晒前期有所降低。晾晒至 52 h，下降速度较上一阶段有所增加，此阶段各时间点 CP 含量差异极显著（$P<0.01$）。

　　植株中其他营养物质含量也随晾晒时间的延长而发生不同程度变化。晾晒过程中，EE 含量逐渐下降，CF、CA、NDF、ADF 含量逐渐上升。苜蓿整株 TDN 值随着晾晒时间的延长亦呈下降趋势。晾晒初期到晒至 12 h，苜蓿整株 TDN 值由 55.58 下降到 51.99，各时间点 TDN 值差异极显著（$P<0.01$），晒制 18～28 h，各时间点 TDN 值差异不显著（$P>0.05$），而后 TDN 值逐渐下降，下降速度较晾晒前期有所降低。晾晒至 52 h，TDN 值下降到 50.94，与晒制初期相比差异极显著（$P<0.01$）。

表 3.2　田间晾晒过程中苜蓿整株营养成分的变化　　　单位：%

晾晒时间/h	CP	EE	CF	CA	NDF	ADF	NFE	TDN
0	20.62Aa	2.82Aa	32.61Ed	8.26Ffg	44.43Hi	34.33Ee	35.69Cc	55.58Aa
4	19.81Cc	2.59BCbcd	34.25Dc	8.33EFef	43.58Ij	36.45Cc	35.02Dd	54.55Bb
8	20.28Bb	2.58BCbcd	34.34Dc	8.22Fg	44.67Gh	35.59Dd	34.58Ee	54.18Cc
12	19.72Ccd	2.52Cd	36.39ABa	8.33EFef	44.72Gh	36.46Cc	33.04Hf	51.99GHg
18	19.57Cd	2.53Ccd	36.48Aa	8.41DEe	45.36Fg	36.78BCc	33.01Hf	52.67Dd
24	19.61Cd	2.62BCbc	35.97Cb	8.58Cd	45.61Ef	36.76BCc	33.22Hf	52.59Dd
28	18.29De	2.68Bb	36.01Cb	8.97Aa	47.26De	37.28Bb	34.05Ge	52.67Dd
32	18.18De	2.64BCb	35.98Cb	8.85ABbc	47.19De	37.31Bb	34.35Fe	52.37Ee
36	17.47Ef	2.66BCb	36.05Cb	8.86ABb	47.78Cd	37.29Bb	34.96Dd	52.12GFf
40	17.48Ef	2.63BCbc	36.18BCb	8.81Bbc	47.81Cd	38.32Aa	34.90Dd	52.17Ff
44	16.47Fg	2.64BCb	36.43ABa	8.78Bbc	47.95Bc	38.34Aa	35.68Cc	51.92Hg
48	16.09Gh	2.62BCbcd	36.49Aa	8.76Bc	48.09Ab	38.46Aa	36.04Bb	50.91Ih
52	15.76Hi	2.59BCbcd	36.51Aa	8.53CDd	48.17Aa	38.57Aa	36.61Aa	50.94Ih

注：1. 表中结果均为三次重复测得的平均值，同行数据右字母相同表示差异不显著，右字母相邻表示差异显著，小写字母代表 0.05 水平，大写字母代表 0.01 水平。后表中字母标注含义相同。
　　2. 表中的百分数是样品干重的百分数。

3.1.1.3　田间晾晒过程中苜蓿叶片营养成分的变化

苜蓿在田间晾晒过程中，叶片营养成分变化如表 3.3 所示。在整个晾晒过程中，叶片营养成分含量主要在晒制初期变化较大，由表 3.3 中可以看出，晾晒初期和晒至 4 h 叶片中各营养指标含量均差异显著（$P<0.01$），而后晾晒过程中各营养指标均有不同程度变化。

表 3.3　田间晾晒过程中苜蓿叶片营养成分的变化　　　单位：%

晾晒时间/h	CP	EE	CF	CA	NDF	ADF	NFE	TDN
0	28.17Aa	3.65Aa	15.66Mm	7.01Im	32.63Mm	21.36Jk	45.51Aa	83.35Aa
4	27.06Bb	3.41Bb	16.79Ll	7.96Hl	33.89Ll	22.47Ij	44.78Bb	82.40Bb
8	26.98Bc	3.38Bb	17.27Kk	8.59Gk	34.68Kk	23.53Gi	43.78Cc	82.18Cc
12	26.71Cd	3.33BCbc	17.59Jj	8.91Gj	35.11Jj	23.69Hh	43.46Dd	81.97Dd
18	26.66CDde	3.24BCDcd	17.75Ii	8.67Fi	35.33Ii	23.75FGg	43.68Ee	81.40Ee
24	26.62CDef	3.19CDEd	17.94Hh	8.81Fh	35.67Hh	23.81EFf	43.44Ee	81.18Ff
28	26.57DEfg	3.16CDEde	18.26Gg	9.07Eg	35.87Gg	23.83EFf	42.94Ff	80.88Gg
32	26.51Eg	3.11DEFef	18.42Ff	9.16Df	36.01Ff	23.91Ee	42.80Ff	80.66GHg
36	26.23Fh	3.05EFGfg	18.49Ee	9.27De	36.27Ee	24.13Dd	42.96Ff	80.66HIh
40	25.79Gi	3.01EFGgh	18.51Dd	9.38Cd	36.59Dd	24.37Cc	43.31Gg	80.79HIh
44	25.58Hj	2.94FGgh	18.68Cc	9.47Bc	36.81Cc	24.46BCb	43.33Ggh	80.58Ih
48	25.41Ik	2.92Ggh	18.76Bb	9.56Bb	36.92Bb	24.52Bb	43.35Gh	80.55Ih
52	25.37Ik	2.88Gh	18.97Aa	9.76Aa	37.58Aa	24.76Aa	43.02Hi	80.36Ji

如表 3.3 所示，在整个晾晒过程中，苜蓿叶片 CP 含量总体呈下降趋势。晾晒至 4 h，叶片 CP 含量由晒至初期的 28.17% 下降至 27.06%，差异极显著（$P<0.01$）。晾晒至 32 h，CP 含量逐渐下降，但下降速度较晾晒前 4 h 有所降低，各时间点 CP 含量差异不显著（$P>0.05$）。晾晒至 48 h，粗蛋白含量进一步下降，下降速度较上一阶段有所提高，此阶段各时间点 CP 含量差异极显著（$P<0.01$）。晒

至 52 h，CP 含量为 25.37%，与晾晒初期相比下降了 2.8%，差异极显著（$P<0.01$）。

晾晒过程中，叶片 EE 含量逐渐下降，与整株相比下降幅度较大。CF、CA、NDF、ADF 含量逐渐上升，上升幅度与整株差异不明显。从表 3.3 中可以看出，这些营养指标总体上也都是在晾晒初期变化幅度较大。

晾晒过程中，苜蓿叶片 TDN 值总体呈下降趋势。晾晒至 28 h，苜蓿叶片 TDN 值由初期的 83.35 下降到 80.88，且各时间点叶片 TDN 值差异极显著（$P<0.01$），晾晒至 48 h，叶片中 TDN 值由 83.35 下降到 80.55，各时间点叶片 TDN 值差异不显著（$P>0.05$）。晾晒至 52 h，叶片中 TDN 值下降到 80.36，与晒制初期相比差异极显著（$P<0.01$）。

3.1.1.4　田间晾晒过程中苜蓿茎秆营养成分的变化

田间晾晒过程中苜蓿茎秆营养成分变化如表 3.4 所示。晾晒过程中，茎秆各营养指标在晒制前期变化幅度较大，之后晾晒过程中各营养指标均有不同程度的变化。

如表 3.4 所示，在整个晾晒过程中，与叶片中 CP 变化规律不同，茎秆中 CP 随着晾晒时间的延长各时间点 CP 含量出现上下浮动的现象。晾晒至 8 h，茎秆中 CP 含量由晾晒初期的 10.58% 下降至 9.82%，差异极显著（$P<0.01$）。晾晒至 10 h，CP 含量出现上升的现象，由 9.82% 升至 10.02%，呈显著性差异（$P<0.01$）。晾晒至 28 h，茎秆中 CP 含量达到最高为 10.71%，比晾晒初期高出 0.13 个百分点，差异极显著（$P<0.01$）。晒至 40 h，各时间点 CP 含量逐渐下降，晒至 44 h 各时间点 CP 含量逐渐升高，晾晒至 52 h，CP 含量为 10.69%，比晾晒初期高出 0.11 个百分点，差异极显著（$P<0.01$）。这与 Allil（1985）研究结果一致，我国学者高彩霞（1997）也曾报道过在晾晒过程中苜蓿茎秆 CP 含量出现上下波动的现象。

表 3.4　田间晾晒过程中苜蓿茎秆营养成分的变化　　　单位：%

晾晒时间/h	CP	EE	CF	CA	NDF	ADF	NFE	TDN
0	10.58BCbc	2.27Aa	41.59Gg	6.76Aa	52.59Ll	41.26Ij	38.80Cc	42.67Cc
4	9.71Hi	2.04Gg	41.27Ii	6.83Bb	53.37Kk	44.41Hi	40.15Aa	43.25Aa
8	9.82Hi	2.03Hh	41.51Hh	6.72BCb	54.11Jj	45.58Gh	39.92Bb	42.71Bb
12	10.02Gh	1.97Jj	42.66Ff	6.83CDc	56.32Ii	46.11Fg	38.52Dd	40.80Ee
18	10.21Fg	1.98Ii	42.65Ff	6.91DEd	58.06Ee	47.69ABb	38.25Ee	40.86Dd
24	10.35Ef	2.07Ff	43.71Cc	7.08Ed	57.87FGg	47.57Dd	36.79Ff	39.30Jj
28	10.71Aa	2.13Bb	43.57Ee	7.47Fe	57.92Ff	47.51Ee	36.12Jj	39.88Ff
32	10.43DEd	2.09Dd	43.61Dd	7.35Gf	57.75Hh	47.48Ef	36.52Gg	39.73Gg
36	10.48CDde	2.11Cc	43.72Cc	7.36Hg	57.84Gg	47.51Ee	36.33Hh	39.56Ii
40	10.47Dde	2.08Ee	43.63Dd	7.31Ih	58.78Dd	47.55Dd	36.51Gg	39.64Hh
44	10.61ABb	2.09Dd	43.89Bb	7.28Ih	59.26Cc	47.64Cc	36.13Jj	39.15Kk
48	10.52BCcd	2.07Ff	43.91Bb	7.26Ji	59.35Bb	47.67Bb	36.24Ii	39.10Ll
52	10.69Aa	2.04Gg	43.96Aa	7.03Jj	59.57Aa	47.71Aa	36.26Ii	38.73Mm

　　茎秆中其他营养物质含量随着晾晒时间的延长发生不同程度变化。晾晒过程中，EE 含量逐渐下降，与叶片相比下降幅度较小。CF、CA、NDF、ADF 含量逐渐上升，除 CA 外，其余 3 个指标含量上升幅度明显高于叶片。

　　整个晾晒过程中，除晒至 4 h 苜蓿茎秆 TDN 值升至 43.25 外，TDN 值总体呈下降趋势，且大部分时间点茎秆 TDN 值差异极显著（$P<0.01$）。晾晒至 52 h，茎秆中 TDN 值下降到 38.73，与晒制初期相比差异极显著（$P<0.01$）。

3.1.2 干燥方法对苜蓿干草营养成分的影响

3.1.2.1 干燥助剂碳酸钾结合物理处理对苜蓿干草营养成分的影响

（1）干燥助剂碳酸钾结合物理处理对苜蓿干草粗蛋白含量的影响

本试验采用正交试验设计，对比分析喷施干燥助剂及物理处理对苜蓿干草调制的影响。喷施碳酸钾结合物理处理方法对苜蓿干草 CP 含量的影响如表 3.5 所示，各处理在达到干草贮藏条件时（含水量降至 17%～18%），CP 含量显著不同。从极差值 R 可以看出，碳酸钾对苜蓿干草 CP 的影响作用显著大于物理处理（$P<0.05$）。如图 3.1 所示，碳酸钾各梯度之间的 CP 含量差异极显著（$P<0.01$），其中碳酸钾添加量为 2.5% 时，CP 含量最高为 18.15%；不同物理处理之间，切+压处理苜蓿 CP 含量最高为 17.98%，切+压、压扁处理苜蓿 CP 含量显著高于对照和切短处理（$P<0.01$），其中压扁、切+压处理之间苜蓿 CP 含量差异不显著（$P>0.05$），对照和切短处理苜蓿 CP 含量也无显著性差异（$P>0.05$）。

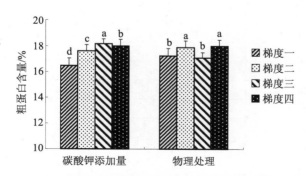

图 3.1　喷施干燥助剂碳酸钾及物理处理对粗蛋白含量的影响

表3.5 喷施干燥助剂碳酸钾结合物理处理对粗蛋白含量的影响

试验号	因素		CP/%
	碳酸钾添加量	物理处理	
A1	0%	对照	15.76
A2	0%	压扁	17.18
A3	0%	切短	15.81
A4	0%	切+压	17.21
A5	2%	对照	17.40
A6	2%	压扁	17.67
A7	2%	切短	17.51
A8	2%	切+压	17.81
A9	2.50%	对照	17.92
A10	2.50%	压扁	18.56
A11	2.50%	切短	17.59
A12	2.50%	切+压	18.53
A13	3%	对照	17.82
A14	3%	压扁	18.31
A15	3%	切短	17.48
A16	3%	切+压	18.37
K1	49.40	51.68	
K2	52.79	53.72	
K3	54.45	51.29	
K4	53.99	53.94	
K_1	16.47	17.23	
K_2	17.59	17.91	
K_3	18.15	17.01	
K_4	17.96	17.98	
R	1.685 a	0.882 b	

注：以上指标均在各处理苜蓿干草含水量降至17%~18%时测定，K1、K2、K3、K4所在行的数据分别为对应各因素同一梯度下的对应值之和；K_1、K_2、K_3、K_4所在行的数据分别为对应各因素同一梯度下的均值；R值代表不同因素下的极差。

（2）干燥助剂碳酸钾结合物理处理对苜蓿干草总可消化营养物质含量的影响

如表 3.6 所示，各处理在达到干草贮藏条件时，TDN 值显著不同。从极差值 R 可以看出，碳酸钾对苜蓿干草 TDN 的影响作用显著大于物理处理（$P<0.05$）。从图 3.2 可以看出，碳酸钾各梯度之间 TDN 值差异极显著（$P<0.01$），其中当碳酸钾添加量为 2.5%时，TDN 值达到最高为 53.39；不同物理处理之间，切+压处理、压扁处理苜蓿 TDN 值显著高于对照和切短处理（$P<0.01$），其中切+压处理苜蓿 TDN 值最高，为 53.17，压扁处理苜蓿 TDN 值次之，为 53.12，两处理之间 TDN 值差异不显著（$P>0.05$）。对照和切短处理之间苜蓿 TDN 值差异也不显著（$P>0.05$）。

试验结果显示，喷施干燥助剂碳酸钾溶液结合物理处理方法调制晾晒苜蓿干草时，A10 处理即喷施 2.5%碳酸钾结合压扁处理较其他各处理苜蓿干草 CP 含量损失较少，同时 TDN 值较高。

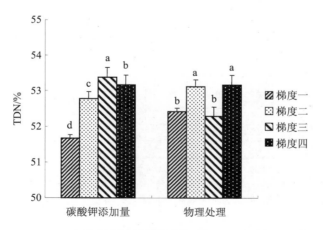

图 3.2　喷施干燥助剂碳酸钾及物理处理对 TDN 的影响

表 3.6 喷施干燥助剂碳酸钾对总可消化营养物质含量（TDN）的影响

试验号	因素		TDN/%
	碳酸钾添加量	物理处理	
A1	0%	对照	50.94
A2	0%	压扁	52.35
A3	0%	切短	50.99
A4	0%	切+压	52.38
A5	2%	对照	52.57
A6	2%	压扁	52.84
A7	2%	切短	52.69
A8	2%	切+压	52.98
A9	2.50%	对照	53.15
A10	2.50%	压扁	53.79
A11	2.50%	切短	52.82
A12	2.50%	切+压	53.77
A13	3%	对照	53.01
A14	3%	压扁	53.49
A15	3%	切短	52.64
A16	3%	切+压	53.55
K1	154.96	157.25	
K2	158.31	159.35	
K3	160.15	156.86	
K4	159.52	159.51	
K_1	51.67	52.42	
K_2	52.77	53.12	
K_3	53.39	52.26	
K_4	53.18	53.17	
R	1.718 a	0.885 b	

注：以上指标均在各处理苜蓿干草含水量降至 17%～18% 时测定，K1、K2、K3、K4 所在行的数据分别为对应各因素同一梯度下的对应值之和；K_1、K_2、K_3、K_4 所在行的数据分别为对应各因素同一梯度下的均值；R 值代表不同因素下的极差。

3.1.2.2 干燥助剂碳酸氢钠结合物理处理对苜蓿干草营养成分的影响

（1）干燥助剂碳酸氢钠结合物理处理对苜蓿干草粗蛋白含量的影响

喷施碳酸氢钠结合物理处理方法对苜蓿干草 CP 含量的影响如

表 3.7 所示，各处理在达到干草贮藏条件时（含水量降至 17%～18%），CP 含量显著不同。从极差值 R 可以看出，碳酸氢钠对苜蓿干草 CP 的影响作用与物理处理相比差异不显著（$P>0.05$）。

表 3.7　喷施干燥助剂碳酸氢钠对粗蛋白含量的影响

试验号	因素		粗蛋白含量%
	碳酸氢钠添加量	物理处理	
B1	0%	对照	15.76
B2	0%	压扁	17.18
B3	0%	切短	15.81
B4	0%	切+压	17.21
B5	2%	对照	17.08
B6	2%	压扁	17.29
B7	2%	切短	17.13
B8	2%	切+压	17.31
B9	2.50%	对照	17.54
B10	2.50%	压扁	18.18
B11	2.50%	切短	17.49
B12	2.50%	切+压	18.15
B13	3%	对照	17.44
B14	3%	压扁	17.93
B15	3%	切短	17.15
B16	3%	切+压	17.99
K1	49.47	50.87	
K2	51.61	52.94	
K3	53.52	50.69	
K4	52.88	53.00	
K_1	16.49	16.96	
K_2	17.20	17.65	
K_3	17.84	16.90	
K_4	17.63	17.67	
R	1.35 a	0.77 a	

注：以上指标均在各处理苜蓿干草含水量降至 17%～18% 时测定，K1、K2、K3、K4 所在行的数据分别为对应各因素同一梯度下的对应值之和；K_1、K_2、K_3、K_4 所在行的数据分别为对应各因素同一梯度下的均值；R 值代表不同因素下的极差。

如图 3.3 所示，碳酸氢钠各梯度之间的 CP 含量差异显著（$P<0.05$），其中碳酸氢钠添加量为 2.5%时，CP 含量最高为 17.84%；不同物理处理之间，切+压处理苜蓿 CP 含量最高为 17.67%，切+压、压扁处理苜蓿 CP 含量显著高于对照和切短处理（$P<0.01$），其中压扁、切+压处理之间苜蓿 CP 含量差异不显著（$P>0.05$），对照和切短处理苜蓿 CP 含量也无显著性差异（$P>0.05$）。

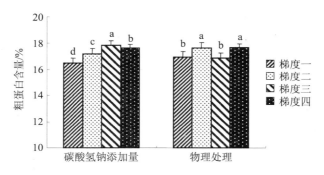

图 3.3　喷施干燥助剂碳酸氢钠及物理处理对粗蛋白含量的影响

（2）干燥助剂碳酸氢钠结合物理处理对苜蓿总可消化营养物质含量的影响

如表 3.8 所示，各处理在达到干草贮藏条件时，TDN 值显著不同。从极差值 R 可以看出，喷施碳酸氢钠对苜蓿干草 TDN 的影响与物理处理之间差异不显著（$P>0.05$）。

从图 3.4 可以看出，碳酸氢钠各梯度之间 TDN 值差异极显著（$P<0.01$），其中当碳酸氢钠添加量为 2.5%时，TDN 值达到最大值为 53.18；不同物理处理之间，切+压处理、压扁处理苜蓿 TDN 值显著高于对照和切短处理（$P<0.01$），其中切+压苜蓿 TDN 值最高，为 52.99，压扁处理苜蓿 TDN 值次之，为 52.96。两个处理之间 TDN 值差异不显著（$P>0.05$）。对照和切短处理之间苜蓿 TDN 值差异亦不显著（$P>0.05$）。

表 3.8　喷施干燥助剂碳酸氢钠对总可消化营养物质含量（TDN）的影响

试验号	因素		TDN/%
	碳酸氢钠添加量	物理处理	
B1	0%	对照	50.94
B2	0%	压扁	52.35
B3	0%	切短	50.99
B4	0%	切+压	52.38
B5	2%	对照	52.45
B6	2%	压扁	52.63
B7	2%	切短	52.47
B8	2%	切+压	52.78
B9	2.50%	对照	52.95
B10	2.50%	压扁	53.58
B11	2.50%	切短	52.73
B12	2.50%	切+压	53.47
B13	3%	对照	52.81
B14	3%	压扁	53.28
B15	3%	切短	52.85
B16	3%	切+压	53.32
K1	155.00	156.86	
K2	157.75	158.88	
K3	159.55	156.78	
K4	159.20	158.96	
K_1	51.67	52.29	
K_2	52.58	52.96	
K_3	53.18	52.26	
K_4	53.07	52.99	
R	1.517 a	0.727 a	

注：以上指标均在各处理苜蓿干草含水量降至 17%～18% 时测定，K1、K2、K3、K4 所在行的
数据分别为对应各因素同一梯度下的对应值之和；K_1、K_2、K_3、K_4 所在行的数据分别为对应各
因素同一梯度下的均值；R 值代表不同因素下的极差。

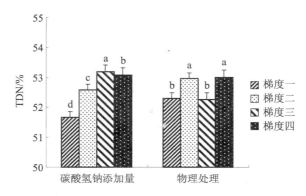

图 3.4　喷施干燥助剂碳酸氢钠及物理处理对 TDN 的影响

　　试验表明，喷施干燥助剂碳酸氢钠溶液结合物理处理进行调制晾晒苜蓿干草时，B10 处理即喷施 2.5%碳酸氢钠结合压扁处理较其他各处理能够获得较高的 CP，同时 TDN 值也较高。

3.1.2.3　苜蓿干草田间调制最适条件筛选

　　将上述试验筛选出的干草调制效果较好的 A10、B10 处理，与对照处理的主要营养指标进行对比。从表 3.9 可以看出，A10 处理 CP 含量最高，与 B10 处理和对照组 CP 含量差异极显著（$P<0.01$），同时 TDN 值也显著高于 B10 处理和对照组（$P<0.05$）。因此，从主要营养指标角度分析来看，本试验苜蓿干草田间调制晾晒最适条件为：喷施 2.5%碳酸钾结合压扁处理进行苜蓿干草田间调制。

表 3.9　干燥方法对苜蓿干草营养成分含量的影响

处理	CP/%	TDN
CK（对照）	15.76 Cc	50.94Bc
A10	18.56 Aa	53.79Aa
B10	18.18 Bb	53.58Ab

注：表中结果均为三次重复测得的平均值，同行数据右字母相同表示差异不显著，右字母相邻表示差异显著，小写字母代表 0.05 水平，大写字母代表 0.01 水平。

3.1.3 干燥方法对苜蓿田间晾晒过程中水分变化的影响

根据上述试验结果，进一步探讨压扁（B 处理）、喷施干燥助剂 2.5%碳酸钾（C 处理）以及喷施 2.5%碳酸钾结合压扁处理（D 处理）对苜蓿晾晒过程中水分变化及叶片损失率的影响。

3.1.3.1 压扁对苜蓿晾晒过程中水分变化的影响

由表 3.10 可知，在田间自然晾晒过程中，B 处理水分散失速度明显快于对照处理（见表 3.1），水分散失速度总体上呈现先快后慢的趋势，且水分变化规律与对照处理有明显差别。主要表现在 B 处理植株体内水分的减少主要发生在晒制初期前 8 h，含水量由 73.5%下降到 28.3%，下降了 46.2%。在晒后第 8～24 h，水分散失速度逐渐下降（此阶段正处于傍晚至夜间，对水分蒸发有一定的影响），含水量由 28.3%下降到 24.2%。晾晒至 24 h 以后，水分散失速度较 8～24 h 晒制期间有所增加（此阶段正处于白天有利于水分的蒸发），含水量由 24.2%下降到 17.3%。

表 3.10 B 处理组苜蓿晾晒期内水分变化规律和叶片损失率

晾晒时间/h	含水量/%	茎占整株比例/%	叶占整株比例/%	茎叶比	叶片损失率/%	平均气温/℃
0	73.5	47.86	52.14	0.92	—	25.5
4	43.8	52.79	47.21	1.12	9.46	
8	28.3	56.82	43.18	1.32	17.18	
12	26.4	57.58	42.42	1.36	18.64	
18	25.1	57.98	42.02	1.38	19.41	
24	24.2	58.89	41.11	1.43	21.15	26
28	19.6	59.93	40.07	1.5	23.15	
32	17.3	61.55	38.45	1.6	26.26	

注：表中结果均为三次重复测得的平均值，以干物质为基础。

从表 3.10 中可以看出，整个晾晒过程中，随着苜蓿植株体内含水量的降低，茎叶比逐渐增加。在晒制初期前 8 h 内叶片损失最为严重，晾晒至 32 h，含水量降至 17.3%，已达到了贮藏干草对含水量的要求，此时，茎叶比为 1.6：1，叶片损失率为 26.26%，比对照处理叶片损失率低 10.05 个百分点，相对减少了苜蓿干草粗蛋白的损失，由此可见，B 处理相对于对照处理可有效地减少苜蓿叶片的损失。

处理 B 茎叶水分散失速度趋于一致，其茎叶比与含水量之间的关系呈现指数曲线的变化趋势，其含水量与茎叶比所配合曲线的拟合度（相关指数）为 $R^2 = 0.958\ 7$，两条曲线拟合得很好，其非线性回归方程为：

$$Y = 1.776\ 3\ \mathrm{e}^{-0.009\ 4X} \qquad (3\text{-}1)$$

式中：X——苜蓿含水量，%；

Y——茎叶比。

3.1.3.2 喷施干燥助剂对苜蓿晾晒过程中水分变化的影响

由表 3.11 可以看出，在田间自然晾晒过程中，C 处理水分散失速度明显大于对照处理，略小于 B 处理。整个晾晒过程中，C 处理水分变化规律与 B 处理趋于一致，即苜蓿植株体内水分的减少主要发生在晒制初期前 8 h，含水量由 73.5% 下降到 29.2%，下降了 44.3%。晒至 8～24 h，水分散失速度逐渐下降，含水量由 29.2% 下降到 25.2%。而晾晒至 24 h 以后，水分散失速度较 8～24 h 晒制期间有所增加，含水量由 25.2% 下降到 17.5%。晾晒过程中，随着苜蓿植株体内含水量的降低，茎叶比逐渐增加，在晒制初期前 8 h 内叶片损失最为严重。晾晒至 36 h，含水量为 17.5%，达到了贮藏干草对含水量的要求，此时，茎叶比为 1.58：1，叶片损失率为 25.76%，比对照处理叶片损失率降低 10.55 个百分点。

表 3.11　C 处理组苜蓿晾晒期内水分变化规律和叶片损失率

晾晒时间/h	含水量/%	茎占整株比例/%	叶占整株比例/%	茎叶比	叶片损失率/%	平均气温/℃
0	73.5	47.86	52.14	0.92	—	25.5
4	44.7	51.89	48.11	1.08	7.73	
8	29.2	55.91	44.09	1.27	15.44	
12	27.5	56.67	43.33	1.31	16.90	
18	26.1	57.08	42.92	1.33	17.68	
24	25.2	57.89	42.11	1.37	19.24	26
28	20.3	59.03	40.97	1.44	21.42	
32	18.2	60.34	39.66	1.52	23.94	
36	17.5	61.29	38.71	1.58	25.76	

经碳酸钾处理后，其茎叶比与含水量之间的关系亦呈现指数曲线的变化趋势，其含水量与茎叶比所配合曲线的拟合度（相关指数）为 $R^2 = 0.934\,8$，其非线性回归方程为：

$$Y = 1.737\,5\,e^{-0.009\,3X} \tag{3-2}$$

式中：X——苜蓿含水量，%；

　　　　Y——茎叶比。

3.1.3.3　压扁结合喷施干燥助剂对苜蓿晾晒过程中水分变化影响

如表 3.12 所示，在田间自然晾晒过程中，D 处理水分散失速度明显大于对照、B、C 各处理。整个晾晒过程中，D 处理水分变化规律与 B、C 处理趋于一致，即苜蓿植株体内水分的减少也是主要发生在晒制初期前 8 h，含水量由 73.5%下降到 25.2%，下降了 48.3 个百分点。晒至 8～24 h，水分散失速度逐渐下降，晾晒至 24 h 以后，水分散失速度较 8～24 h 晒制期间有所增加。晾晒过程中，随着苜蓿植株体内含水量的降低，茎叶比逐渐增加，在晒制初期前 8 h 内叶片损失最为严重。晾晒至 28 h，含水量为 17.1%，达到了贮藏干草对含水量的要求，此时，茎叶比为 1.5∶1，叶片损失率为 23.15%，比对照、B、C 各处理叶片损失率分别低 13.16、3.11、2.61 个百分点。

由此可见，D 处理较前面各处理可明显加快苜蓿的干燥速度，有效地减少苜蓿叶片的损失，更好地保存苜蓿干草营养成分的含量。

D 处理组苜蓿茎叶比与含水量之间的关系亦呈现指数曲线的变化趋势，其含水量与茎叶比所配合曲线的拟合度（相关指数）为 $R^2 = 0.9622$，其非线性回归方程为：

$$Y = 1.6639 \, e^{-0.0084X} \tag{3-3}$$

式中：X——苜蓿含水量，%；

　　　Y——茎叶比。

因此，上述试验结果表明，喷施 2.5%碳酸钾结合压扁处理较其他各处理可明显加快苜蓿的干燥速度，这也与前文中研究结果一致，即苜蓿干草田间调制过程中喷施 2.5%碳酸钾结合压扁处理能够有效地减少苜蓿叶片的损失，更好地保存苜蓿干草营养成分的含量。

表 3.12　D 处理组苜蓿晾晒期内水分变化规律和叶片损失率

晾晒时间/h	含水量/%	茎占整株比例/%	叶占整株比例/%	茎叶比	叶片损失率/%	平均气温/℃
0	73.5	47.86	52.14	0.92	—	25.5
4	40.3	52.79	47.21	1.12	9.46	
8	25.2	56.82	43.18	1.32	17.18	
12	23.1	57.58	42.42	1.36	18.64	
18	21.8	57.98	42.02	1.38	19.41	
24	20.9	58.89	41.11	1.43	21.15	26
28	17.1	59.93	40.07	1.5	23.15	

3.1.4　干燥方法对苜蓿茎、叶解剖结构的影响

根据上述试验结果，本书将进一步探讨压扁以及喷施干燥助剂（喷施 2.5%碳酸钾、2.5%碳酸氢钠）对苜蓿茎、叶解剖结构的影响。

研究化学干燥剂碳酸氢钠和碳酸钾对苜蓿茎、叶解剖结构的影响，从而探讨苜蓿植株茎、叶的解剖结构与植株体内水分散失的关系，以阐明碱金属碳酸盐类化学干燥剂对苜蓿植株体内水分散失的作用机理。

3.1.4.1　不同处理对苜蓿叶片解剖结构的影响

（1）未经处理苜蓿叶片的解剖结构观察

在显微镜下，对未经任何处理的苜蓿叶片进行观察，可以看到苜蓿叶片主要由表皮、叶脉和叶肉三部分组成（图 3.5），位于叶片腹面和背面的上下表皮皆由单层细胞构成，在上下表皮细胞中分布着气孔器和孔下室（图 3.6）。另外，可以观察到表皮细胞具有较厚的角质膜，且角质膜在表皮细胞上呈连续性地排列（图 3.5）。位于近腹面的叶肉分化为栅栏组织，位于背面的叶肉分化为海绵组织（图 3.6），栅栏组织由长柱形含大量叶绿体的薄壁细胞组成，其细胞长轴与表皮垂直，细胞排列较紧密。海绵组织位于下表皮和栅栏组织之间，含叶绿体较栅栏组织少，细胞的大小和形状不规则，形成短臂状突起并相互连接形成较大的细胞间隙。

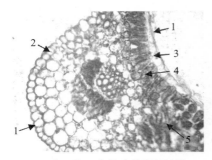
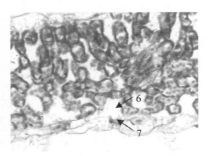

图 3.5　未经处理苜蓿叶片解剖结构　　图 3.6　未经处理苜蓿叶片解剖结构

图注：1.苜蓿叶片的角质膜；2.苜蓿叶片背面下表皮；3.苜蓿叶片腹面上表皮；4.苜蓿叶片的栅栏组织；5.苜蓿叶片的海绵组织；6.苜蓿叶片的孔下室；7.苜蓿叶片的气孔器

（2）压扁处理苜蓿叶片的解剖结构观察

在显微镜下，对经压扁处理的苜蓿叶片进行解剖结构观察。与未经处理的叶片相比，叶片经压扁处理后，部分表皮细胞壁被破坏，呈间断性分布（图 3.7），同时部分表皮细胞结构被轻微破坏（图 3.7、图 3.8）。叶片未受力部分表皮细胞和角质膜在经压扁处理前后差异不明显，均呈连续性排列。

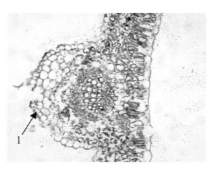 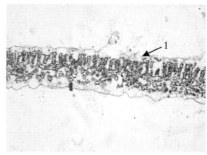

图 3.7　压扁处理后苜蓿叶片解剖结构　图 3.8　压扁处理后苜蓿叶片解剖结构

图注：1. 苜蓿叶片的角质膜

（3）碳酸氢钠处理后苜蓿叶片的解剖结构观察

在显微镜下，对经碳酸氢钠溶液处理的苜蓿叶片进行解剖结构观察。与未经处理的叶片相比，叶片经碳酸氢钠溶液处理后，位于叶脉部位腹面上表皮细胞的角质膜呈间断性分布（图 3.9），上表皮细胞结构被轻微破坏，但单个细胞边缘界限依稀可见（图 3.9、图 3.10）。而位于背面的下表皮细胞和角质膜在经碳酸氢钠溶液处理前后差异不明显，均呈连续性的排列。

（4）碳酸钾处理后苜蓿叶片的解剖结构观察

在显微镜下，对经碳酸钾溶液处理的苜蓿叶片进行解剖结构观察。与未经处理的叶片相比，叶片经碳酸钾溶液处理后，位于叶脉部位腹面上表皮细胞的角质膜被严重破坏，上表皮细胞结构也被严重破坏（图 3.11、图 3.12）。位于叶片背面的下表皮细胞以及角质膜在经碳酸钾溶液处理前后，变化不明显，下表皮细胞和角质膜均呈连续性排列（图 3.11、图 3.12）。

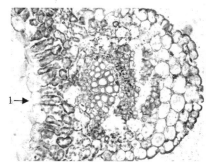 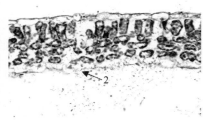

图 3.9　2.5%碳酸氢钠溶液处理后　　图 3.10　2.5%碳酸氢钠溶液处理后
　　　苜蓿叶片解剖结构　　　　　　　　　　苜蓿叶片解剖结构

图注：1. 苜蓿叶片上表皮角质膜；2. 苜蓿叶片的角质膜

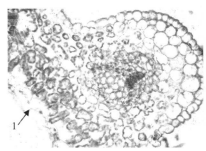 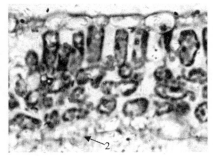

图 3.11　2.5%碳酸钾溶液处理后　　图 3.12　2.5%碳酸钾溶液处理后
　　　苜蓿叶片解剖结构　　　　　　　　　　苜蓿叶片解剖结构

图注：1. 苜蓿叶片上表皮角质膜；2. 苜蓿叶片的角质膜

3.1.4.2　不同处理对苜蓿茎部的解剖结构的影响

（1）未经处理的苜蓿茎部的解剖结构观察

对未经任何处理的苜蓿茎部解剖结构进行观察，可以看到，苜蓿茎部主要由表皮、皮层和维管柱三大部分组成（图 3.13）。茎部表皮由单层细胞构成，表皮细胞呈砖形，排列紧密，且细胞长轴与茎轴平行。

在显微镜下，可以观察到表皮细胞具有较厚的角质膜（图 3.13）。皮层由薄壁组织细胞构成，在表皮内方和皮层薄壁组织细胞之间可以观察到成束的厚角组织（图 3.13）。皮层以内的中央柱状部分是维管柱，维管柱由维管束、髓和髓射线三部分组成（图 3.14）。从图 3.14 可以看出，维管组织成束状，各束又呈环状排列，各束间有分叉和合并而呈网状。位于茎部中央的薄壁细胞构成髓，位于各维管束之间的薄壁组织为髓射线，髓射线内连髓部，外通皮层，在横断面上成放射形。

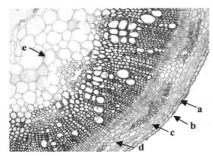 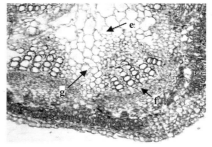

图 3.13　未经处理苜蓿茎的解剖结构　　图 3.14　未经处理苜蓿茎的解剖结构

图注：a. 苜蓿茎的表皮；b. 苜蓿茎的角质膜；c. 苜蓿茎的皮层厚角组织；

d. 苜蓿茎的皮层薄壁组织；e. 苜蓿茎的髓；f. 苜蓿茎的维管束；g. 苜蓿茎的髓射线

（2）压扁处理苜蓿茎部的解剖结构观察

在显微镜下，对经压扁处理的苜蓿茎秆进行解剖结构观察。与未经处理的茎秆相比，茎秆经压扁处理后，茎秆表皮出现明显裂口，部分表皮细胞壁被破坏，呈间断性分布（图 3.15），同时部分表皮细胞结构被轻微破坏（图 3.15、图 3.16）。由图 3.15 可以看出，压扁后苜蓿茎的髓较未压扁处理有显著差异，呈间断性分布，但压扁前后维管束没有明显变化，同时对于茎未受力部分的表皮细胞和角质膜在压扁处理前后差异不明显，均呈连续性的排列。

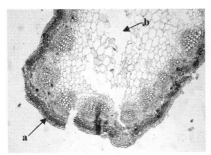 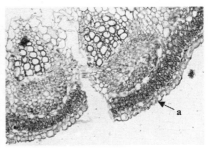

图 3.15　压扁处理后苜蓿茎的解剖结构　图 3.16　压扁处理后苜蓿茎的解剖结构

图注：a. 苜蓿茎的表皮；b. 苜蓿茎的髓

（3）碳酸氢钠处理后苜蓿茎部的解剖结构观察

对经 2.5%碳酸氢钠溶液处理的苜蓿茎部进行解剖结构观察。与未经任何处理的苜蓿茎部相比，经碳酸氢钠溶液处理后，苜蓿茎部内部结构没有明显的变化，但是角质膜和表皮细胞结构在处理前后发生了明显的变化，经碳酸氢钠处理后，苜蓿茎部角质膜比处理前明显变薄，且角质膜呈间断性分布，同时，茎部表皮细胞结构被轻微破坏，但仍呈连续性排列（图 3.17）。

（4）碳酸钾处理后苜蓿茎部的解剖结构观察

对经 2.5%碳酸钾溶液处理后的苜蓿茎部进行解剖结构观察。观察表明：与未经任何处理的苜蓿茎部相比，其内部结构较处理前有所不同，经碳酸钾溶液处理后，苜蓿茎部皮层薄壁细胞间隙比处理前明显增大。同时，茎部表皮细胞在处理前后发生了明显的变化（图 3.18），经碳酸钾处理后，苜蓿茎部角质膜被严重破坏，呈间断性分布，另外，茎部表皮细胞结构被严重破坏，细胞边缘界限不明显，呈间断性分布。

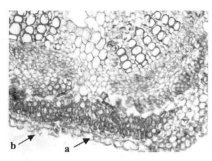 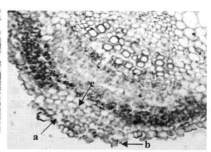

图 3.17　2.5%碳酸氢钠溶液处理后　　　图 3.18　2.5%碳酸钾溶液处理后
苜蓿茎的解剖结构　　　　　　　　　　苜蓿茎的解剖结构

图注：a. 苜蓿茎的表皮；b. 苜蓿茎的角质膜；c. 苜蓿茎的皮层薄壁组织

　　试验研究结果显示，压扁处理能够破坏叶片、茎的表皮以及髓的结构。碳酸钾和碳酸氢钠溶液对苜蓿茎、叶表皮细胞上的角质膜均具有一定的溶解作用，使得角质膜变薄或呈间断性分布。

　　研究发现，碳酸钾溶液对苜蓿茎秆、叶片表皮角质膜的溶解作用效果要比相同浓度的碳酸氢钠溶液对苜蓿茎秆、叶表层角质膜的作用效果明显。而且，苜蓿茎经碳酸钾溶液处理后，其内部结构发生了很大的变化，表现为茎部皮层薄壁细胞间隙明显增大，这在苜蓿干草干燥过程中，就有效减少了茎部水分蒸发的阻力，缩短了苜蓿茎部的干燥时间。因此试验表明，压扁结合喷施 2.5%碳酸钾处理其他各处理可明显加快苜蓿的干燥速度。

3.1.5　小结

　　本试验通过不同干燥方法调制晾晒苜蓿干草，分别从苜蓿水分散失规律、叶片损失率、主要营养指标变化以及不同干燥方法对苜蓿茎、叶解剖结构的影响等方面进行对比分析研究，最终筛选出苜蓿干草田间调制的最适条件。研究结果表明：喷施 2.5%碳酸钾溶液结合压扁处理较其他各处理可明显加快苜蓿的干燥速度，有效地减少苜蓿叶片的损失，更好地保存苜蓿干草营养成分。

3.2　复合型天然防霉剂对苜蓿干草捆贮藏效果的研究

3.2.1　复合型天然防霉剂最佳配比组合筛选研究

按照复合型天然防霉剂的不同配比（见表 2.4），将不同组合配比防霉剂添加到苜蓿干草中，进行高水分（28%～30%）打捆贮藏试验。在贮藏 90 d 后对不同处理苜蓿草捆进行取样，对其防霉效果以及营养指标进行对比分析，进而筛选出复合型天然防霉剂的最佳配比组合。

3.2.1.1　不同配比组合复合型天然防霉剂对苜蓿干草捆霉菌数量的影响

不同配比组合复合型天然防霉剂对苜蓿干草捆霉菌数量的影响如表 3.13 所示，各处理干草捆贮藏 90 d 后霉菌数量显著不同。从极差值 R 可以看出，三种防霉剂对苜蓿干草捆霉菌数量的影响作用大小次序为：沸石粉＞氧化钙＞陈皮。其中沸石粉对苜蓿干草防霉效果最好，显著大于氧化钙和陈皮（$P < 0.01$）。氧化钙和陈皮之间差异不显著（$P > 0.05$）。

如图 3.19 所示，氧化钙各梯度之间的霉菌数量差异极显著（$P < 0.01$），各梯度中氧化钙添加量为 1%时，防霉效果最好，霉菌数量为 7.35×10^3 个/g；陈皮各添加梯度中，添加量为 0.2%、0.3%时防霉效果较好，两梯度间霉菌数量差异不明显，其中陈皮添加量为 0.2%时防霉效果最好，草捆中霉菌数量为 7.74×10^3 个/g；沸石粉各梯度之间的霉菌含量差异极显著（$P < 0.01$），各梯度中沸石粉添加量为 2%时，防霉效果最好，霉菌数量为 5.74×10^3 个/g。

表 3.13 复合型天然防霉剂对苜蓿干草捆霉菌数量的影响

试验号	因素			霉菌数 10^3/g
	氧化钙	陈皮	沸石粉	
1	0%	0%	0%	12.31
2	0%	0.1%	1%	7.63
3	0%	0.2%	2%	6.01
4	0%	0.3%	3%	8.41
5	1%	0%	1%	7.34
6	1%	0.1%	0%	9.93
7	1%	0.2%	3%	7.01
8	1%	0.3%	2%	5.12
9	2%	0%	2%	5.86
10	2%	0.1%	3%	8.83
11	2%	0.2%	0%	10.25
12	2%	0.3%	1%	7.09
13	3%	0%	3%	6.74
14	3%	0.1%	2%	5.95
15	3%	0.2%	1%	7.67
16	3%	0.3%	0%	10.41
K1	25.77	24.19	32.18	
K2	22.05	24.26	22.30	
K3	24.02	23.21	17.21	
K4	23.08	23.27	23.24	
K_1	8.59	8.06	10.73	
K_2	7.35	8.09	7.43	
K_3	8.01	7.74	5.74	
K_4	7.69	7.76	7.75	
R	1.24Bb	0.35Bb	4.99Aa	

注: K1、K2、K3、K4 所在行的数据分别为对应各因素同一梯度下的对应值之和; K_1、K_2、K_3、K_4 所在行的数据分别为对应各因素同一梯度下的均值; R 值代表不同因素下的极差。同行数据右字母相同表示差异不显著, 右字母相邻表示差异显著, 小写字母代表 0.05 水平, 大写字母代表 0.01 水平。

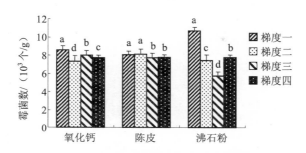

图 3.19　复合型天然防霉剂对苜蓿干草捆霉菌数量的影响

　　三种防霉剂不同组合配比调制复合型天然防霉剂添加到苜蓿干草捆进行防霉效果测定，试验结果显示，各因素最适水平如下：氧化钙添加量为 1%，陈皮添加量为 0.3%，沸石粉添加量为 2% 时，苜蓿干草捆中霉菌数量最少，复合型天然防霉剂防霉效果最好。

3.2.1.2　不同配比组合复合型天然防霉剂对苜蓿干草捆粗蛋白含量的影响

　　不同配比组合复合型天然防霉剂对苜蓿干草捆 CP 含量的影响如表 3.14 所示，各处理在干草贮藏 90 d 后 CP 含量显著不同。从极差值 R 可以看出，三种防霉剂对苜蓿干草捆 CP 含量的影响作用大小次序为：沸石粉＞氧化钙＞陈皮。其中沸石粉对苜蓿干草 CP 的影响作用最大，显著大于氧化钙和陈皮（$P<0.01$）。氧化钙和陈皮之间差异不显著（$P>0.05$）。

　　如图 3.20 所示，氧化钙各梯度之间的 CP 含量差异显著（$P<0.05$），其中氧化钙添加量为 1% 时，CP 含量最高为 16.41%；陈皮各添加梯度与 0% 梯度之间 CP 含量差异显著（$P<0.05$），除 0% 梯度外，各梯度之间 CP 含量差异不显著，其中陈皮添加量为 1.5% 时，CP 含量最高为 16.33%；沸石粉各梯度之间的 CP 含量差异显著（$P<0.05$），各梯度中添加量为 2% 时，CP 含量最高为 17.09%。

表3.14 复合型天然防霉剂对苜蓿干草捆粗蛋白含量的影响

试验号	因素			CP/%
	氧化钙	陈皮	沸石粉	
1	0%	0%	0%	11.68
2	0%	0.1%	1%	16.55
3	0%	0.2%	2%	17.01
4	0%	0.3%	3%	16.33
5	1%	0%	1%	16.62
6	1%	0.1%	0%	15.38
7	1%	0.2%	3%	16.39
8	1%	0.3%	2%	17.23
9	2%	0%	2%	17.05
10	2%	0.1%	3%	16.15
11	2%	0.2%	0%	15.27
12	2%	0.3%	1%	16.31
13	3%	0%	3%	16.22
14	3%	0.1%	2%	17.07
15	3%	0.2%	1%	16.47
16	3%	0.3%	0%	15.43
K1	46.18	46.18	43.32	
K2	49.22	48.86	49.46	
K3	48.59	48.86	51.27	
K4	48.90	48.98	48.82	
K_1	15.39	15.39	14.44	
K_2	16.41	16.29	16.49	
K_3	16.16	16.28	17.09	
K_4	16.29	16.33	16.27	
R	1.012Bb	0.932Bb	2.65Aa	

注：K1、K2、K3、K4所在行的数据分别为对应各因素同一梯度下的对应值之和；K_1、K_2、K_3、K_4所在行的数据分别为对应各因素同一梯度下的均值；R值代表不同因素下的极差。同行数据右字母相同表示差异不显著，右字母相邻表示差异显著，小写字母代表0.05水平，大写字母代表0.01水平。

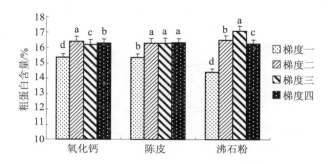

图 3.20 复合型天然防霉剂对苜蓿干草捆粗蛋白含量的影响

三种防霉剂不同组合配比调制复合型天然防霉剂添加到苜蓿干草捆进行粗蛋白含量测定，结果表明：各因素最适水平为氧化钙添加量为 1%，陈皮添加量为 0.3%，沸石粉添加量为 2%。

3.2.1.3 不同配比组合复合型天然防霉剂对苜蓿干草总可消化营养物质含量影响

不同配比组合复合型天然防霉剂对苜蓿干草捆 TDN 值的影响如表 3.15 所示，各处理干草捆贮藏 90 d 后 TDN 含量显著不同。从极差值 R 可以看出，三种防霉剂对苜蓿干草捆 TDN 含量的影响作用大小次序为：沸石粉＞陈皮＞氧化钙。其中沸石粉对苜蓿干草 TDN 的影响作用最大，显著大于氧化钙和陈皮（$P<0.01$）。氧化钙和陈皮之间差异不显著（$P>0.05$）。

从图 3.21 可以看出，氧化钙各梯度之间的 TDN 值略有不同，各梯度中氧化钙添加量为 1% 时，TDN 值最高为 55.68；陈皮各添加梯度与 0% 梯度之间 TDN 值差异极显著（$P<0.01$），各梯度中添加量为 0.3% 时，TDN 值最高为 55.82；沸石粉各梯度中，添加量为 2% 时 TDN 值最高为 58.21，与其他各梯度之间差异极显著。

表 3.15　复合型天然防霉剂对苜蓿干草捆总可消化营养物质含量的影响

试验号	因素			TDN
	氧化钙	陈皮	沸石粉	
1	0%	0%	0	51.69
2	0%	0.1%	1%	55.52
3	0%	0.2%	2%	58.03
4	0%	0.3%	3%	55.64
5	1%	0%	1%	55.63
6	1%	0.1%	0	53.36
7	1%	0.2%	3%	55.42
8	1%	0.3%	2%	58.44
9	2%	0%	2%	58.16
10	2%	0.1%	3%	55.03
11	2%	0.2%	0	53.21
12	2%	0.3%	1%	55.42
13	3%	0%	3%	55.25
14	3%	0.1%	2%	58.21
15	3%	0.2%	1%	55.50
16	3%	0.3%	0	53.76
K1	165.66	165.55	159.02	
K2	167.14	166.59	166.55	
K3	166.37	166.62	174.63	
K4	167.04	167.45	166.01	
K_1	55.22	55.18	53.01	
K_2	55.71	55.53	55.52	
K_3	55.46	55.54	58.21	
K_4	55.68	55.82	55.34	
R	0.493Bb	0.633Bb	5.205Aa	

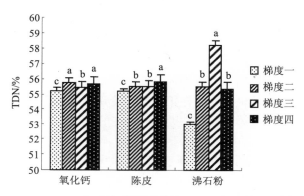

图 3.21 复合型天然防霉剂对苜蓿干草捆总可消化营养物质含量的影响

三种防霉剂不同组合配比调制复合型天然防霉剂添加到苜蓿干草捆进行 TDN 值测定，结果表明：各因素最适水平为氧化钙添加量为 1%，陈皮添加量为 0.3%，沸石粉添加量为 2%。

综上所述，将三种防霉剂不同组合配比调制复合型天然防霉剂添加到苜蓿干草捆进行霉菌数量、CP 含量以及 TDN 值的测定，综合评定后筛选出复合型天然防霉剂 FA 各因素的最适添加水平，即氧化钙添加量为 1%，陈皮添加量为 0.3%，沸石粉添加量为 2%。

3.2.2 复合型天然防霉剂（FA）对苜蓿干草捆贮藏期间品质的影响

本试验结合上述试验中苜蓿干草田间调制的最佳方式，将筛选出的复合型天然防霉剂 FA，添加到苜蓿干草中打捆贮藏，同时设置几组处理作为对照组（见表 2.5），分别在草捆贮藏 0 d、10 d、21 d、33 d、90 d、360 d 时取样，对各处理苜蓿干草营养成分进行测定，分析比较复合型天然防霉剂 FA 及其他处理对苜蓿干草贮藏期内品质的影响，探讨苜蓿干草捆贮藏的最佳方式。

3.2.2.1 不同处理苜蓿干草捆贮藏期温度的变化

不同处理苜蓿干草捆贮藏初期温度的变化如图 3.22 所示。贮藏至第 2 天，各处理苜蓿干草捆温度差异不显著。从第 3 天起，除 SL 处理外，其余各处理苜蓿干草捆温度均呈上升趋势。贮藏第 7~11 天时，各处理苜蓿干草捆温度先后呈下降趋势，直到贮藏第 22 天时各处理苜蓿干草捆温度变化平缓，基本趋于一致。

从图中可以看出，贮藏期内苜蓿干草捆温度以 SH 处理温度最高，同时温度上升也最快，在第 7 天温度达到峰值 43℃，而后温度逐渐下降，到贮藏第 21 天温度降至 26℃，之后温度变化平缓。FC 和 FR 处理贮藏初期温度略低于 SH 处理，两处理在贮藏第 10 天温度均达到峰值，而后温度逐渐下降，到贮藏第 19 天温度分别降至 23℃、22℃，之后温度变化平缓，贮藏期内 FR 处理苜蓿干草捆温度略低于 FC 处理。SL 处理苜蓿干草捆在贮藏期内较其他处理温度最低，几乎未出现发热现象。

研究结果显示，添加复合型天然防霉剂 FA 能够有效地降低贮藏初期苜蓿干捆内的温度，推迟温度高峰的来临，各处理中以 FR 处理效果最好。

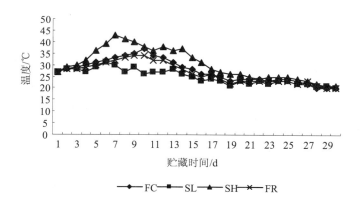

图 3.22　苜蓿干草捆贮藏初期温度的变化

3.2.2.2　复合型天然防霉剂（FA）对苜蓿干草捆贮藏期内霉变影响情况的研究

（1）不同处理苜蓿干草捆贮藏后感官评定

从表 3.16 可以看出，不同处理苜蓿干草捆贮藏 360 d 后，其色泽、气味以及霉变程度都有显著差异。从表中可以看出，SH 处理苜蓿干草霉变最严重，干草颜色变为褐色，分析其主要原因是由于在高水分打捆情况下，无任何防霉措施，草捆内水分条件适宜，为微生物的繁殖创造了有利条件，导致微生物大量繁殖，致使草捆发霉严重，有重度霉味，干草呈褐色；SL 处理由于是低水分打捆贮藏，草捆内水分条件不利于微生物的生长，贮藏期间几乎无发热现象，因此霉变情况略轻，有轻微霉味，苜蓿干草呈黄绿色；FC 和 FR 处理苜蓿干草捆发霉情况较轻，特别是 FR 处理在贮藏 360 d 后，仍具有牧草清香味，其颜色之所以呈淡绿色，原因可能是前期压扁处理对其表皮结构产生破坏，使其颜色发生变化。

表 3.16　苜蓿干草捆贮藏后感官评定

处理	色泽	气味	霉变程度
FC	绿色	牧草清香味、无霉变味	点状发霉
SL	黄绿至绿色	轻微霉味	轻度霉变
SH	褐色至绿色	重度霉味	严重霉变
FR	淡绿至绿色	牧草清香味、无霉变味	点状发霉

试验表明，添加复合型天然防霉剂 FA 能够有效抑制苜蓿干草捆贮藏过程中的霉变情况。

（2）苜蓿干草捆贮藏期内真菌种群变化的研究

本试验选择具有代表性的两个处理即 SH、FC 处理，研究探讨苜蓿干草捆贮藏过程中真菌种群的变化规律，以及 FA 的添加对苜蓿干草捆贮藏期内真菌种群的影响。

苜蓿干草在不添加任何防霉剂情况下进行高水分打捆（含水量 28%～30%）贮藏，贮藏期内真菌种群变化情况如表 3.17 所示。从表中可以看出，打捆当天苜蓿草捆中真菌的主要优势菌属为镰刀菌属、链格孢属和曲霉属，次优势菌属为变胞属、离孺孢属、明枝霉属以及茎点霉属。贮藏至第10天，各菌属菌株数量明显增加，主要优势菌属为曲霉属、链格孢属、镰刀菌属、木霉属以及青霉属，次优势菌属为茎点霉属、离孺孢属、明枝霉属以及变胞属。随着贮藏时间的延长，各菌属菌株数量呈下降趋势，期间主要优势菌属仍为曲霉属、链格孢属、镰刀菌属、木霉属以及青霉属。贮藏至第90天，各菌属菌株数量略有上升趋势，但上升幅度不大。贮藏至第360天，各菌属菌株数量略有下降，其优势菌属为链格孢属、曲霉属、木霉属以及镰刀菌属。

表 3.17　SH 处理贮藏期内真菌种群变化情况

菌属	不同贮藏时间菌属株数/（10^3/g）						小计	占总菌属株数比例/%
	0 d	10 d	21 d	33 d	90 d	360 d		
曲霉属	0.33	6.13	2.73	1.84	2.32	1.42	14.77	26.85
镰刀菌属	0.51	3.72	1.11	0.79	1.41	0.87	8.41	15.29
链格孢属	0.42	4.65	2.25	1.27	1.79	2.01	12.39	22.52
木霉属	0.00	2.97	1.53	0.66	1.27	0.97	7.40	13.45
青霉属	0.00	2.42	1.36	0.24	0.97	0.54	5.53	10.05
离孺孢属	0.15	0.78	0.63	0.07	0.05	0.12	1.80	3.27
茎点霉属	0.12	0.93	0.45	0.04	0.03	0.31	1.84	3.34
拟青霉属	0.00	0.00	0.15	0.04	0.07	0.02	0.28	0.51
根霉属	0.00	0.00	0.51	0.00	0.04	0.01	0.56	1.01
明枝霉属	0.12	0.42	0.21	0.03	0.05	0.17	1.00	1.82
变胞属	0.21	0.36	0.18	0.05	0.02	0.22	1.04	1.89
总计	1.86	22.38	11.11	4.99	8.02	6.66	55.02	100

注：表中结果均为三次重复测得的平均值。

　　试验结果表明，苜蓿草捆整个贮藏期内，曲霉属为最主要优势菌属，占总菌属株数的26.85%；其次是链格孢属、镰刀菌属、木霉属以及青霉属，分别占总菌属株数的 22.52%、15.29%、13.45%和10.05%；次优势种为茎点霉属、离孺孢属、变胞属、明枝霉属、根霉属以及拟青霉属，分别占总菌属株数的 3.34%、3.27%、1.89%、

1.82%、1.01%和 0.51%。

从表 3.18 可以看出，添加复合型天然防霉剂 FA，进行高水分打捆（含水量 28%~30%）贮藏，贮藏期内真菌种群的变化情况。从表中可以看出，打捆当天苜蓿草捆中真菌的主要优势菌属为镰刀菌属、链格孢属和曲霉属，次优势菌属为变胞属、离孺孢属、明枝霉属以及茎点霉属。贮藏至第 10 天，各菌属菌株数量有所增加，但增加幅度远小于 SH 处理，这说明复合型天然防霉剂 FA 的添加，能够有效抑制草捆发霉状况，其主要优势菌属为链格孢属、镰刀菌属、曲霉属、木霉属以及青霉属，次优势菌属为茎点霉属、离孺孢属、变胞属、明枝霉属以及根霉属。

表 3.18　FC 处理苜蓿干草捆贮藏期内真菌种群变化情况

菌属	不同贮藏时间菌属株数/（10³ 个/g）						小计	占总菌属株数比例/%
	0 d	10 d	21 d	33 d	90 d	360 d		
曲霉属	0.33	1.86	1.52	1.14	0.87	0.51	6.23	17.90
镰刀菌属	0.51	2.23	1.81	0.61	1.23	0.65	7.04	20.22
链格孢属	0.42	3.65	1.25	0.98	1.46	1.03	8.79	25.25
木霉属	0	1.71	1.03	0.51	0.97	0.87	5.09	14.62
青霉属	0	1.22	1.36	0.21	0.38	0.46	3.63	10.43
离孺孢属	0.15	0.36	0.17	0.02	0.05	0.15	0.9	2.59
茎点霉属	0.12	0.51	0.22	0.03	0.01	0.22	1.11	3.19
拟青霉属	0	0.01	0.13	0.04	0.06	0.03	0.27	0.78
根霉属	0	0.03	0.23	0.05	0.04	0.01	0.36	1.03
明枝霉属	0.12	0.17	0.15	0.01	0.03	0.07	0.55	1.58
变胞属	0.21	0.35	0.11	0.02	0.02	0.13	0.84	2.41
总计	1.86	12.1	7.98	3.62	5.12	4.13	34.81	100

注：表中结果均为三次重复测得的平均值。

随着贮藏时间的延长，各菌属菌株数量亦呈下降趋势，期间主要优势菌属仍为链格孢属、镰刀菌属、曲霉属、木霉属以及青霉属。贮藏至第 360 天，各菌属菌株数量略有下降，其优势菌属为链格孢属、木霉属、镰刀菌属、曲霉属及青霉属。

FC 处理苜蓿草捆整个贮藏期内，链格孢属为最主要优势菌属，占总菌属株数的 25.25%；其次是镰刀菌属、曲霉属、木霉属以及青霉属，分别占总菌属株数的 20.22%、17.9%、14.62% 和 10.43%；次优势种为茎点霉属、离孺孢属、变胞属、明枝霉属、根霉属以及拟青霉属，分别占总菌属株数的 3.19%、2.59%、2.41%、1.58%、1.03% 和 0.78%。

试验结果表明，添加复合型天然防霉剂 FA，对草捆中优势菌群具有明显的抑制作用，特别是对曲霉属抑制效果尤为明显。这可能是与 FA 中添加沸石粉有关，有研究显示取自沸石的水合铝硅酸钠钙（HSCAS）对黄曲霉毒素 B_1 有较好的选择性吸附能力。由于沸石等黏土类矿物吸附剂，具有较大的比表面积和离子吸附能力，同时具有亲水性的负电荷表面，所以在苜蓿干草贮藏初期能够快速吸收草捆中的水分，吸水后使其体积膨胀 15～20 倍，同时还可吸附带有极性基团的霉菌霉素，如黄曲霉毒素[100]。因此，添加复合型天然防霉剂 FA，能够有效抑制草捆的发霉状况。

试验中分离的主要菌属无性结构特征及培养特征如图 3.23 至图 3.33 所示。

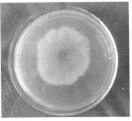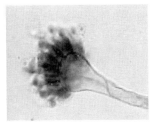

图 3.23　曲霉属

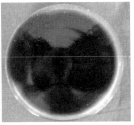

图 3.24　链格孢属

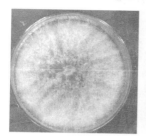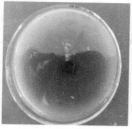

图 3.25　镰刀属

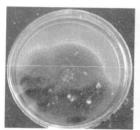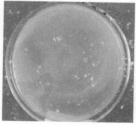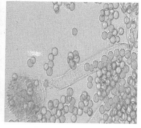

图 3.26　木霉属

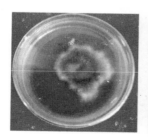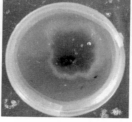

图 3.27　青霉属

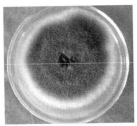 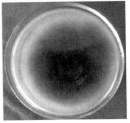 

图 3.28　离孺孢属

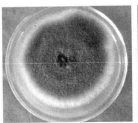 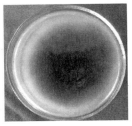 

图 3.29　变胞属

  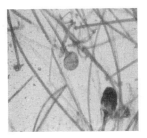

图 3.30　根霉属

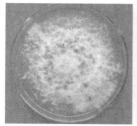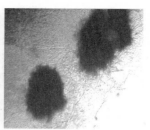

图 3.31 茎点霉属

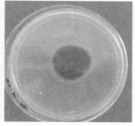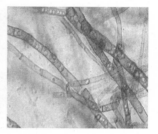

图 3.32 明枝霉属

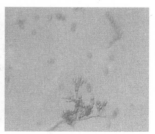

图 3.33 拟青霉属

3.2.2.3 不同处理苜蓿干草捆贮藏期内水分的变化及干物质损失情况

如表 3.19 所示，不同处理苜蓿干草捆贮藏 360 d 后，含水量显著不同（$P<0.01$）。添加复合型天然防霉剂（FA）的两个防霉处理 FC 和 FY，含水量较低，显著低于 SL、SH 处理含水量（$P<0.01$）。其中 FC 处理含水量最低，由打捆时的 29.13%降低到 10.99%；FR

处理含水量由打捆时的 29.16%降低至 12.79%；这与高彩霞（1997）研究结果存在明显不同，本试验经防霉处理的苜蓿干草捆贮藏后，其含水量要低于对照组，其原因是可能是由于 FA 的添加，在苜蓿干草贮藏过程中能够快速吸收草捆中的水分，使得草捆内水分散失较快。

从表 3.19 可以看出，不同处理苜蓿干草捆贮藏 360 d 后，干物质损失显著不同（$P<0.01$）。其中 SL 处理干物质损失最小，为45.4 g/kg，SH 处理干物质损失最大，为 68.7 g/kg，添加复合型天然防霉剂（FA）的两个防霉处理 FC 和 FR 干物质损失介于中间，这说明添加复合型天然防霉剂（FA）能够有效减少苜蓿干草捆贮藏期内的干物质损失。

表 3.19　苜蓿干草捆贮藏期内水分的变化及干物质损失情况

处理	草捆重/kg（贮藏 0 d）	贮藏期干物质损失/（g/kg）（贮藏 360 d）	含水量/%（贮藏 0 d）	含水量/%（贮藏 360 d）
FC	15.3	57.9Bb	29.13	10.99Cc
SL	15.7	45.4Dd	17.95	11.66Bb
SH	15.6	68.7Aa	29.16	12.79Aa
FR	15.4	53.5Cc	29.24	11.06Cc

3.2.2.4　不同处理苜蓿干草捆贮藏期内品质变化的研究

如表 3.20、表 3.21 所示，打捆当天 SH 处理各营养指标含量明显高于 SL 处理，其主要原因是由于 SL 处理在田间晾晒时间较长，打捆时含水量较低，导致营养成分损失较大，而 SH 处理由于在高水分条件下进行打捆贮藏，田间晾晒时间相对较短，所以相对于 SL 处理营养成分损失较少。

从表 3.20 可以看出，SH 处理贮藏期内各营养指标上下浮动较大，其中以 CP、NDF 和 ADF 最为明显。如表中所示，CP 含量由打捆初期的 18.29%降至 9.31%，整个贮藏过程中 CP 损失接近 50%，差异极显著（$P<0.01$），特别是在贮藏初期，CP 含量下降最快；NDF含量由 47.26%上升至 59.74%，上升了 12.48 个百分点，尤其是在贮藏初期前 10 天，NDF 含量由 47.26%上升至 51.62%，上升了 4.36 个

百分点，差异极显著（$P < 0.01$）。ADF 含量也由 37.28%上升至 47.57%，上升 10.29 个百分点。EE、CF 及 CA 含量在贮藏过程中变化相对较小。贮藏期内 NFE 上升了 6.38 个百分点，TDN 下降了 2.61 个百分点。

试验表明，SH 处理贮藏期内各营养指标含量变化较大，营养成分损失严重，特别是在贮藏初期尤为明显。究其主要原因是由于 SH 处理是在无任何防霉措施情况下进行高水分打捆，草捆内水分条件适宜，为微生物的繁殖创造了有利条件，导致微生物大量繁殖，特别是贮藏至第 10 天，草捆温度达到峰值，热害致使草捆品质急剧下降。

表 3.20　SH 处理贮藏期内营养成分的变化　　　　单位：%

贮藏时间/d	CP	EE	CF	CA	NDF	ADF	NFE	TDN
0	18.29Aa	2.68Aa	36.01De	8.97Bc	47.26Ff	37.28Ff	34.05Ff	52.67Aa
10	15.67Bb	2.51ABb	37.14BCbc	9.03Bbc	51.62Ee	40.74Ee	35.65Ee	51.29De
21	13.74Cc	2.59Aab	36.97Ccd	9.12Bb	52.84Dd	41.58Dd	37.58Dd	52.18Bc
33	12.56Dd	2.36Bc	36.83Cd	9.07Bbc	53.93Cc	42.69Cc	39.18Cc	52.42ABb
90	11.68Ee	2.31BCc	37.32Bb	8.99Bbc	58.51Bb	45.33Bb	39.7Bb	51.69Cd
360	9.31Ff	2.14Cd	38.75Aa	9.37Aa	59.74Aa	47.57Aa	40.43Aa	50.06Ef

注：表中数据均为干重的百分数，下同。

表 3.21　SL 处理贮藏期内营养成分的变化　　　　单位：%

贮藏时间/d	CP	EE	CF	CA	NDF	ADF	NFE	TDN
0	15.76Aa	2.59Aa	36.51Cd	8.53Cd	48.17Ff	38.57Ff	36.61Cc	51.92Aa
10	15.31Bb	2.53ABab	36.78Cc	8.71BCc	50.63Ee	40.02Ee	36.67Cc	51.69ABb
21	14.93Cc	2.46Bbc	36.65Ccd	8.67BCcd	51.05Dd	41.55Dd	37.29ABa	51.89Aab
33	15.01Cc	2.48ABbc	36.79Cc	8.82bbc	51.58Cc	41.94Cc	36.9BCbc	51.80Aab
90	14.34Dd	2.43Bc	37.16Bb	8.89Bb	52.02Bb	43.42Bb	37.18ABab	51.36Bc
360	13.71Ee	2.27Cd	37.53Aa	9.14Aa	52.94Aa	44.18Aa	37.35Aa	50.97Cd

从表 3.21 可以看出，SL 处理贮藏期内各营养指标含量上下变化不明显，虽然在贮藏初期各营养指标含量低于 SH 处理，但在整个贮藏过程中，其营养成分含量损失相对较少。如表中所示，CP 含量由打捆初期的 15.76% 降至 13.71%，整个贮藏过程中 CP 下降了 2.05 个百分点，NDF、ADF 在贮藏过程中分别上升 4.77、5.61 个百分点；EE、CF 及 CA 含量在贮藏过程中变化相对较小。贮藏期内 NFE 上升了 0.74 个百分点，TDN 下降了 0.95 个百分点。

试验结果显示，SL 处理由于低水分打捆贮藏，草捆内水分条件不利于微生物的生长，干草贮藏期间几乎无发热现象，因此贮藏期内各营养指标含量变化较小，营养成分损失较轻。

表 3.22　FC 处理贮藏期内营养成分的变化　　　　单位：%

贮藏时间/d	CP	EE	CF	CA	NDF	ADF	NFE	TDN
0	18.31Aa	2.66Aa	36.03Ef	11.97Ff	47.28De	37.25Ff	31.03Aa	55.46Dd
10	17.81Bb	2.59ABb	36.25Dd	12.63Ee	50.85Cc	39.35Dd	30.72Bb	55.77Cc
21	17.93Bb	2.55Bb	36.36Cc	12.98Dd	50.64Cd	38.94Ee	30.18Cc	55.85Cc
33	17.47Cc	2.56Bb	36.48Bb	13.59Cc	51.15Bb	39.92Cc	29.90Dd	56.34Bb
90	17.23Cc	2.61ABab	36.06Ee	14.96Aa	51.86Aa	41.83Bb	29.14Ff	58.45Aa
360	16.71Dd	2.31Cc	37.19Aa	14.29Bb	51.69Aa	42.15Aa	29.50Ee	55.76Cc

如表 3.22 所示，FC 处理贮藏期内各营养指标含量较 SH 处理变化幅度较小，在整个贮藏过程中，其营养成分含量损失较少。如表中所示，CP 含量由打捆初期的 18.31% 降至 16.71%，整个贮藏过程中 CP 含量仅下降了 1.60 个百分点，NDF、ADF 在贮藏过程中分别上升 4.43、4.87 个百分点；EE、CF 在贮藏过程中变化相对较小。与 SH、SL 处理相比，FC 处理 CA 含量较高，分析其原因是由于添加了复合型天然防霉剂 FA，FA 中的沸石粉含有丰富的其他矿物元素，从而导致干草中 CA 含量增加。FC 处理贮藏期内 NFE 下降了 1.53 个百分点；TDN 值呈上升趋势，但上升幅度不大。

试验表明，添加 FA 进行高水分打捆贮藏，能够有效保存苜蓿干草营养成分，提高苜蓿干草品质。

表 3.23　FR 处理贮藏期内营养成分的变化　　　　单位：%

贮藏时间/d	CP	EE	CF	CA	NDF	ADF	NFE	TDN
0	19.21Aa	2.75Aa	33.51Dd	11.93Dd	45.37Ee	35.59Ee	32.60Aa	57.41Cd
10	18.57Ccd	2.67Aab	34.47Cc	12.69Cc	47.92Dd	36.71CDcd	31.60Bb	58.69Aab
21	18.52Cd	2.71Aab	34.68Cc	12.51Cc	50.71Bb	36.83Cc	31.58Bb	58.22Bc
33	18.76BCbc	2.63Aab	34.63Cc	13.12Bb	50.18Cc	36.51Dd	30.86Cc	58.75Aa
90	18.95ABb	2.54Ab	35.12Bb	13.85Aa	50.72Bb	38.37Bb	29.54Ee	58.49ABb
360	18.17De	2.57Ab	35.41Aa	13.82Aa	51.13Aa	39.54Aa	30.03Dd	58.19Bc

如表 3.23 所示，由于 FR 处理苜蓿干草是在田间调制过程中采用压扁结合喷施碳酸钾处理，所以打捆当天 FR 处理各营养指标含量较高。

从表中可以看出，FR 处理在整个贮藏过程中，较其他各处理其营养成分含量损失较少。如表中所示，CP 含量由打捆初期的 19.21% 降至 18.17%，整个贮藏过程中 CP 含量仅下降了 1.04 个百分点，较其他各处理 CP 损失最少；NDF、ADF 在贮藏后含量为 51.13%、39.54%，显著低于其他各处理，EE、CF 在贮藏过程中变化相对较小。同 FC 处理一样，FR 处理贮藏期内 CA 含量较高，分析其原因可能也是由于添加复合型天然防霉剂 FA 的缘故。FC 处理贮藏期内 NFE 下降了 2.57 个百分点；TDN 值亦呈上升趋势，贮藏期内 TDN 值上升了 0.78 个百分点。试验表明，FR 处理较其他各处理能够有效保存苜蓿干草营养成分。

贮藏期内，不同处理苜蓿干草捆贮藏过程中各指标变化情况如图 3.34～图 3.41 所示。

如图 3.34 所示，各处理苜蓿干草捆贮藏期内 CP 含量均呈下降趋势，其中 SH 处理在整个贮藏过程中 CP 含量下降幅度最大，特别是在贮藏前 10 天 CP 含量迅速下降，明显低于其他各处理 CP 含量，其原因可能是由于微生物活动作用，草捆内温度较高产生热害，导致 CP 含量明显下降。其他各处理在贮藏过程中 CP 含量变化幅度相对较小，贮藏至 360 天，各处理苜蓿干草 CP 含量高低顺序为：

FR＞FC＞SL＞SH。试验结果表明，苜蓿干草捆贮藏过程中，复合型天然防霉剂 FA 能够有效减少苜蓿干草中 CP 的损失。

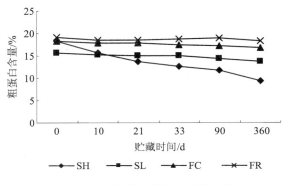

图 3.34　贮藏期内粗蛋白含量变化

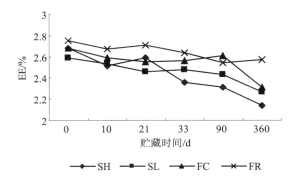

图 3.35　贮藏期内粗脂肪含量变化情况

如图 3.35 所示，各处理苜蓿干草捆贮藏期内 EE 含量均呈下降趋势，其中 SH 处理在整个贮藏过程中 EE 含量下降幅度最大。其他各处理在贮藏过程中 EE 含量变化幅度相对较小，贮藏至 360 天，各处理苜蓿干草 EE 含量高低顺序为：FR＞FC＞SL＞SH。从图中可以看出，添加 FA 能够有效保存苜蓿干草中 EE 含量。

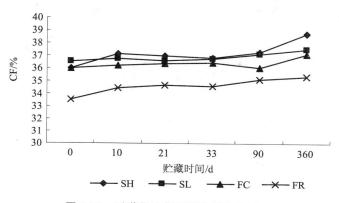

图 3.36　贮藏期内粗纤维含量变化情况

从图 3.36 可以看出，各处理苜蓿干草捆贮藏期内 CF 含量均呈上升趋势，其中 SH 处理在整个贮藏过程中 CF 含量上升幅度最大。特别是在贮藏前 10 天 CF 含量迅速上升，明显高于其他各处理 CF 含量，其原因可能是由于热害作用的结果，贮藏 90～360 天，CF 含量上升幅度也有所增加。其他各处理在贮藏过程中 CF 含量变化幅度相对较小，贮藏至 360 天，各处理苜蓿干草 CF 含量高低顺序为：FR＜FC＜SL＜SH。试验结果表明，苜蓿干草捆贮藏过程中，添加复合型天然防霉剂 FA 能够有效保存苜蓿干草中 CF 含量。

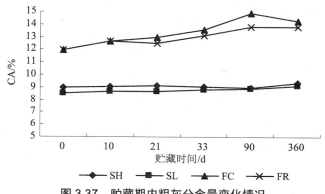

图 3.37　贮藏期内粗灰分含量变化情况

如图 3.37 所示，FC、FR 处理苜蓿干草中 CA 含量显著高于 SH、SL 处理，并且贮藏过程中苜蓿干草 CA 含量呈上升趋势，其中 FC 处理在整个贮藏过程中 CA 含量上升幅度最大，FR 处理次之。SH、SL 处理在贮藏过程中 CA 含量变化幅度相对较小。分析其原因可能是由于 FA 中含有沸石粉，具有吸水膨胀性，同时沸石粉中含有丰富的其他矿物元素，从而导致 CA 含量增加。贮藏至 360 天，各处理苜蓿干草 CA 含量高低顺序为：FC＞FR＞SH＞SL。试验结果表明，苜蓿干草捆贮藏过程中，添加复合型天然防霉剂 FA 以后，苜蓿干草捆中 CA 含量明显增加。

由图 3.38 可见，各处理苜蓿干草捆贮藏期内 NDF 含量均呈上升趋势，其中 SH 处理在整个贮藏过程中 NDF 含量上升幅度最大。FC、FR 处理在贮藏过程中 NDF 含量变化幅度相对较小。贮藏至 360 天，各处理苜蓿干草 NDF 含量高低顺序为：FR＜FC＜SL＜SH。

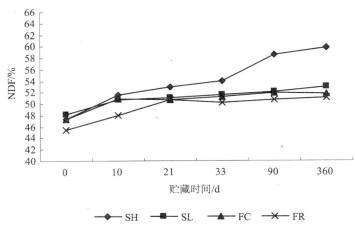

图 3.38　贮藏期内中性洗涤纤维含量变化情况

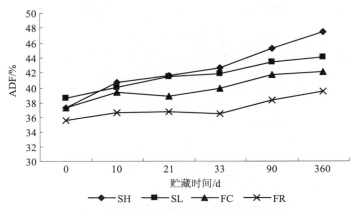

图 3.39 贮藏期内酸性洗涤纤维含量变化情况

如图 3.39 所示,各处理苜蓿干草捆贮藏期内 ADF 含量均呈上升趋势,其中 SH 处理在整个贮藏过程中 ADF 含量上升幅度最大。FC、FR 处理在贮藏过程中 NDF 含量变化幅度相对较小。贮藏至 360 天,各处理苜蓿干草 ADF 含量高低顺序为:FR<FC<SL<SH。试验结果表明,添加 FA 进行苜蓿干草高水分打捆贮藏,苜蓿干草捆中 ADF 含量较低。

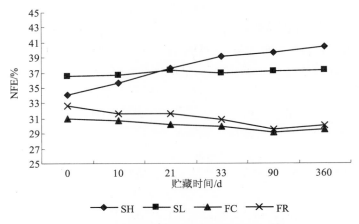

图 3.40 贮藏期内无氮浸出物含量变化情况

如图 3.40 所示，各处理苜蓿干草捆贮藏期内 NFE 含量呈不同变化趋势，其中 FC、FR 处理在整个贮藏过程中 NFE 含量呈下降趋势。SH、SL 处理在贮藏过程中 NFE 含量呈上升趋势。贮藏至 360 天，各处理苜蓿干草 NFE 含量高低顺序为：SH>SL>FR>FC。

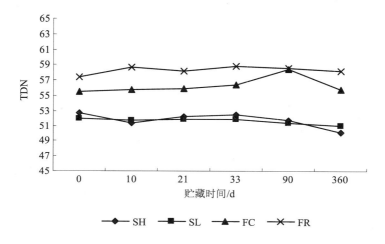

图 3.41　贮藏期内总可消化营养物质含量变化情况

如图 3.41 所示，各处理苜蓿干草捆贮藏期内 TDN 值呈不同变化趋势，其中 FC、FR 处理在整个贮藏过程中 TDN 值略呈上升趋势。SH、SL 处理在贮藏过程中 TDN 含量明显呈下降趋势。贮藏至 360 天，各处理苜蓿干草 TDN 值高低顺序为：FR>FC>SL>SH。试验结果表明，添加复合型天然防霉剂 FA 进行苜蓿干草高水分打捆贮藏，能够有效提高苜蓿干草捆总可消化营养物质含量。

3.2.2.5　不同处理对苜蓿干草捆品质的影响

各处理苜蓿干草营养指标含量变化情况如表 3.24 所示。贮藏 360 天后，各处理中以 FR 处理 CP 含量最高为 18.17%，显著高于其他各处理（$P<0.01$）；TDN 值为 58.19，与其他处理差异极显著（$P<0.01$）；同时，FR 处理 EE、CF、NDF 以及 ADF 等营养成分含量也明显优于其他各处理（$P<0.01$）。从表中可以看出，FC 处理 CA

含量最高，FR 处理次之。SH、SL 处理在贮藏过程中 CA 含量变化幅度相对较小。

表 3.24　不同处理贮藏 360 天后营养成分含量变化　　　单位：%

处理	CP	EE	CF	CA	NDF	ADF	NFE	TDN
SH	9.31Dd	2.14Bc	38.75Aa	9.37Cc	59.74Aa	47.57Aa	40.43Aa	50.06Dd
SL	13.71Cc	2.27Bbc	37.53Bb	9.14Cd	52.94Bb	44.18Bb	37.35Bb	50.97Cc
FC	16.71Bb	2.31Bb	37.19Cc	14.29Aa	51.69Cc	42.15Cc	29.5Dd	55.76Bb
FR	18.17Aa	2.57Aa	35.41Dd	13.82Bb	51.13Dd	39.54Dd	30.03Cc	58.19Aa

　　贮藏期内，各处理中以 SH 处理各营养成分含量最低，营养成分损失严重。分析其主要原因是由于在无任何防霉措施情况下进行高水分打捆，草捆内水分条件适宜，为微生物的繁殖创造了有利条件，导致微生物大量繁殖，致使草捆品质急剧下降。SL 处理由于是低水分打捆贮藏，打捆当天各营养指标含量就明显低于其他各处理，由于草捆内水分条件不利于微生物的生长，干草贮藏期间几乎无发热现象，因此贮藏期内各营养指标含量变化较小，营养成分损失较轻。FC、FR 处理在添加复合型天然防霉剂 FA 情况下进行高水分打捆贮藏，由于 FA 有效地抑制了草捆内微生物的活动，使得 FC、FR 处理较其他处理能够有效保存苜蓿干草营养成分。相对而言，由于 FR 处理组苜蓿干草在田间调制过程中采用压扁结合喷施碳酸钾处理，同时添加复合型天然防霉剂 FA 进行打捆贮藏，所以打捆当天 FR 处理各营养指标含量较高，贮藏至 360 天后，主要营养指标含量均显著高于其他各处理（$P<0.01$）。

　　试验表明，FR 处理即苜蓿干草在田间调制过程中采用压扁结合喷施碳酸钾处理，添加 FA 进行打捆贮藏，较其他处理能够有效保存苜蓿干草营养成分。

3.2.3　小结

　　本试验通过复合型天然防霉剂最佳配比组合筛选试验，同时结合苜蓿干草田间调制的最佳工艺条件，将筛选出的最佳配比复合型天然防霉剂添加到不同处理苜蓿干草中进行打捆贮藏试验，分别从贮藏过程中苜蓿干草水分、干物质损失情况、温度的变化、真菌种群变化、贮藏后感官评定以及不同处理苜蓿干草捆贮藏期内品质变化等方面做了深入的研究，研究结果表明：苜蓿干草在田间调制过程中采用压扁结合喷施碳酸钾处理，同时添加复合型天然防霉剂 FA 进行打捆贮藏，能够有效保存苜蓿干草营养成分。

3.3 苜蓿干草体外消化特性的研究

3.3.1 苜蓿干草捆贮藏期内营养成分对比分析

各处理苜蓿干草捆贮藏期内营养成分含量变化情况如表 3.25 所示。从表中可以看出，随着贮藏时间的延长，各处理苜蓿干草捆营养物质含量都发生不同程度的损失，主要体现在 CP 含量上，各处理 CP 含量均有不同程度的下降，其中以 SH 处理最为明显。从表中可以发现，与其他各处理相比，FC、FR 处理苜蓿干草捆贮藏期内营养成分含量损失较少，其中 FR 处理尤为明显。

表 3.25　苜蓿干草捆贮藏期内营养成分变化

贮藏时间/d	处理	营养指标								
		CP/%	EE/%	CF/%	CA/%	NDF/%	ADF/%	NFE/%	TDN/%	DM/%
0	SH	18.29Bb	2.68Bb	36.01Bb	8.97Bb	47.26Bb	37.28Bb	34.05Bb	52.67Bb	70.87Bb
	SL	15.76Cc	2.59Cc	36.51Aa	8.53Bc	48.17Aa	38.57Aa	36.61Aa	51.92Cc	82.05Aa
	FC	18.31Bb	2.66Bb	36.03Bb	11.97Aa	47.26Bb	37.28Bb	31.03Dd	55.46Bb	70.87Bb
	FR	19.21Aa	2.75Aa	33.51Cc	11.93Aa	45.37Cc	35.59Cc	32.60Cc	57.41Aa	70.76Bb
10	SH	15.67Cc	2.51Cc	37.14Aa	9.03Bb	51.62Aa	40.74Aa	35.65Bb	51.29Cc	82.33Cd
	SL	15.31Cc	2.53Cc	36.78Bb	8.71Bc	50.63Bb	40.02Bb	36.67Aa	51.69Cc	85.41Ab
	FC	17.81Bb	2.59Bb	36.25Bb	12.63Aa	50.85Bb	39.35Cc	30.72Dd	55.77Bb	85.89Aa
	FR	18.57Aa	2.67Aa	34.47Cc	12.69Aa	47.92Cc	36.71Dd	31.60Cc	58.69Aa	84.32Bc

贮藏时间/d	处理	营养指标								
		CP/%	EE/%	CF/%	CA/%	NDF/%	ADF/%	NFE/%	TDN/%	DM/%
21	SH	13.74Dd	2.59ABab	36.97Aa	9.12Bc	52.84Aa	41.58Aa	37.58Aa	52.18Cc	84.21Cd
	SL	14.93Cc	2.46Bb	36.65Bb	8.67Bd	51.05Bb	41.55Aa	37.29Ab	51.89Dd	86.06Bc
	FC	17.93Bb	2.55ABb	36.36Bc	12.98Aa	50.64Cc	38.94Bb	30.18Cd	55.85Bb	87.55Aa
	FR	18.52Aa	2.71Aa	34.68Cd	12.51Ab	50.71Cc	36.83Cc	31.58Bc	58.22Aa	87.23Ab
33	SH	12.56Dd	2.36Cc	36.83Aa	9.07Bc	53.93Aa	42.69Aa	39.18Aa	52.42Cc	84.65Cc
	SL	15.01Cc	2.48BCb	36.79Aa	8.82Bd	51.58Bb	41.94Bb	36.90Bb	51.8Dd	87.97Bb
	FC	17.47Bb	2.56ABab	36.48Ab	13.59Aa	51.15Bc	39.92Cc	29.90Dd	56.34Bb	88.63Aa
	FR	18.76Aa	2.63Aa	34.63Bc	13.12Ab	50.18Cd	36.51Dd	30.86Cc	58.75Aa	88.81Aa
90	SH	11.68Dd	2.31Bc	37.32Aa	8.99Bc	58.51Aa	45.33Aa	39.70Aa	51.69Bb	86.77Cc
	SL	14.34Cc	2.43Bb	37.16Ab	8.89Bd	52.02Bb	43.42Bb	37.18Bb	51.36Bc	88.19Bb
	FC	17.23Bb	2.61Aa	36.06Bc	14.96Aa	51.86Cc	41.83Cc	29.14Dd	58.45Aa	88.85Aa
	FR	18.95Aa	2.54Aab	35.12Cd	13.85Ab	50.72Dd	38.37Dd	29.54Cc	58.49Aa	88.78Aa
360	SH	9.31Dd	2.14Bc	38.75Aa	9.37Cc	59.74Aa	47.57Aa	40.43Aa	50.06Dd	87.21Cc
	SL	13.71Cc	2.27Bbc	37.53Bb	9.14Cd	52.94Bb	44.18Bb	37.35Bb	50.97Cc	88.34Bb
	FC	16.71Bb	2.31Bb	37.19Cc	14.29Aa	51.69Cc	42.15Cc	29.50Dd	55.76Bb	89.01Aa
	FR	18.17Aa	2.57Aa	35.41Dd	13.82Bb	51.13Cc	39.54Dd	30.03Cc	58.19Aa	88.96Aa

3.3.2　苜蓿干草适口性的研究

如表 3.26 所示，贮藏 360 天后，对不同处理干草捆进行适口性的测定，结果显示，各处理之间采食量差异极显著（$P<0.01$）。其中以 FR 处理干草适口性最好，采食率最高为 93.33%，FC 处理次之，SH 处理最低。

表 3.26　不同处理苜蓿干草捆采食量对比

处理	投喂量/kg	采食量/kg	采食率/%
SH	0.6	0.43	71.67Dd
SL	0.6	0.46	76.67Cc
FC	0.6	0.53	88.32Bb
FR	0.6	0.56	93.33Aa

注：表中结果均为 3 次重复测得的平均值，同行数据右字母相同表示差异不显著，右字母相邻表示差异显著，小写字母代表 0.05 水平，大写字母代表肩字母 0.01 水平。文中后表字母标注含义相同。

3.3.3 首蓿干草贮藏期内体外产气量的测定

如表 3.27 所示，随着贮藏时间的延长，各处理干草捆体外产气量总体呈下降趋势，其主要原因是由于贮藏过程中，各处理干草捆营养成分含量逐渐下降，致使干草消化率降低，从而导致体外产气量逐渐减少。

表 3.27　首蓿干草捆体外培养 24 h 产气量和产气参数对比

贮藏时间/d	处理	体外培养时间/h						产气量参数			
		2	4	8	12	18	24	a	b	a+b	c
0	SH	17.00	20.00	24.00	34.00	41.00	44.50	12.13d	55.62c	67.75c	0.038
	SL	17.00	20.00	21.50	31.00	38.00	41.00	12.25c	51.59d	63.84d	0.032
	FC	17.00	22.00	24.00	36.50	43.50	47.50	12.32b	61.52b	73.84b	0.036
	FR	18.00	22.00	26.00	37.00	45.00	49.00	12.88a	62.89a	75.77a	0.037
10	SH	16.00	20.00	24.00	32.00	39.50	42.00	11.63d	46.97d	58.60d	0.045
	SL	16.50	19.00	21.00	31.00	37.50	39.50	12.21c	50.98c	63.19c	0.034
	FC	17.00	20.00	24.00	33.50	41.00	44.50	12.30b	58.23b	70.53b	0.035
	FR	18.00	21.50	25.00	36.50	46.00	48.00	12.43a	62.13a	74.56a	0.038
21	SH	16.00	19.00	24.00	31.00	38.00	41.00	11.61d	46.01d	57.62d	0.038
	SL	16.00	19.00	21.50	31.00	37.50	40.00	11.81c	49.84c	61.65c	0.037
	FC	17.50	19.00	23.50	33.00	40.00	43.00	12.41a	55.23a	67.64a	0.035
	FR	18.00	20.50	26.50	36.00	44.00	47.00	12.19b	54.27b	66.46b	0.045
33	SH	15.50	19.00	23.50	30.50	37.00	39.50	11.22d	41.12d	52.34d	0.051
	SL	16.00	18.50	21.00	31.00	37.00	39.50	11.62c	49.12c	60.74c	0.037
	FC	17.00	19.00	23.00	33.00	38.50	42.00	12.13b	50.06b	62.19b	0.039
	FR	18.00	21.00	26.00	37.00	42.00	46.50	12.48a	50.37a	62.85a	0.048
90	SH	16.00	18.00	20.50	28.00	35.00	36.00	11.19d	40.64d	51.83d	0.036
	SL	15.00	19.50	22.00	29.00	36.00	38.00	11.63c	41.78c	53.41c	0.044
	FC	16.00	20.00	24.00	32.00	38.00	42.00	12.01b	47.39b	59.40b	0.042
	FR	17.00	21.00	25.00	35.00	40.00	44.50	12.36a	48.15a	60.51a	0.047
360	SH	15.00	17.00	19.00	27.00	33.00	34.00	11.24d	39.73d	50.97d	0.038
	SL	14.50	19.00	21.00	27.00	35.00	36.00	11.51c	40.94c	52.45c	0.041
	FC	15.00	20.00	23.50	31.00	36.00	41.00	11.68b	45.55b	57.23b	0.043
	FR	16.50	20.00	25.00	34.00	38.00	44.00	12.12a	48.81a	60.93a	0.044

由表 3.27 可以看出，各处理中以 SH 处理体外产气量下降最为明显，由 44.5 mL 下降到 34 mL，下降了 10.5 mL，这可能与 SH 处理在贮藏过程中营养成分损失较大有直接关系。相对而言，FC、FR 处理苜蓿干草捆在贮藏过程中体外产气量下降幅度较小，特别是 FR 处理，产气量仅下降了 5 mL，这可能是由于两个处理均添加了复合型天然防霉剂 FA，由于 FA 中含有沸石粉，据有关资料显示，沸石中含有镍、钛、钼、硒等微量元素，这些元素都是动物体内酶的激活物质，可显著提高动物体内酶的活性。另外，沸石在机体内对某些生物酶也起到了催化作用，促进了机体对营养物质的消化吸收[138]。因此 FC、FR 处理产气量高于其他处理。

从表 3.27 可以看出，贮藏至 360 天，各处理干草捆经体外培养 24 h 后其产气量高低顺序为：FR＞FC＞SL＞SH。

如图 3.42 所示，各处理干草捆打捆当天体外培养过程中产气量均呈上升趋势。从图中可以看出，各处理在 2～8 h 产气量上升较为缓慢，8～18 h 产气量迅速增加，18～24 h 上升速度逐渐减慢。各处理苜蓿干草捆在打捆当天体外培养 24 h 产气量高低顺序为：FR＞FC＞SH＞SL。

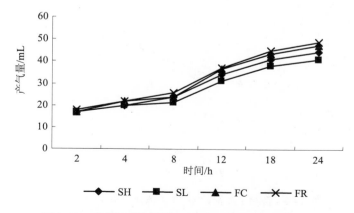

图 3.42　苜蓿干草捆贮藏 0 天体外培养 24 h 产气量

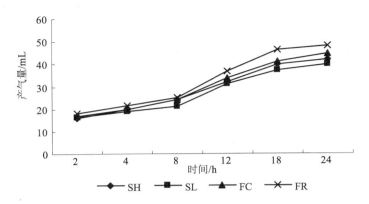

图 3.43　苜蓿干草捆贮藏 10 天体外培养 24 h 产气量

如图 3.43 所示，在贮藏 10 天时，各处理干草捆的产气量均呈上升趋势，各处理组产气量在 2～8 h 上升缓慢，8～18 h 上升速度最快，18～24 h 趋于平缓。各处理干草捆在贮藏 10 天时体外培养 24 h 产气量高低顺序为：FR＞FC＞SH＞SL。

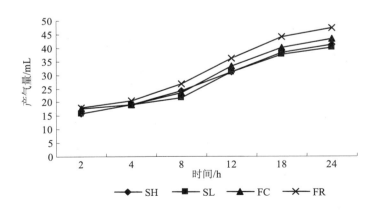

图 3.44　苜蓿干草捆贮藏 21 天体外培养 24 h 产气量

从图 3.44 可以看出，各处理干草捆在贮藏 21 天时，体外培养过程中产气量均呈上升趋势。各处理组产气量在 2～4 h 上升缓慢，4～8 h 上升速度有所加快，8～18 h 产气量迅速增加，在 18～24 h 产气量逐渐趋于平缓。各处理在贮藏 21 天时体外培养 24 h 产气量高低顺序为：FR＞FC＞SH＞SL。

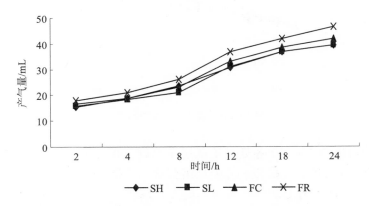

图 3.45 苜蓿干草捆贮藏 33 天体外培养 24 h 产气量

如图 3.45 所示，贮藏 33 天时，各处理干草捆体外培养 24 h 过程中产气量均呈上升趋势，从图中可以看出，各处理组产气量在 2～8 h 上升较为缓慢，8～12 h 上升速度最快，18～24 h 产气量上升速度趋于平缓。各处理干草捆在贮藏 33 天时体外培养 24 h 产气量高低顺序为：FR＞FC＞SH＝SL。

从图 3.46 中可以看出，在贮藏 90 天时，各处理干草捆体外培养产气量均呈上升趋势。在 2～8 h 阶段，各处理组产气量均上升缓慢，而后各处理产气量呈不同上升趋势。FR、FC 处理在 8～12 h 产气量上升速度最快，12～24 h 上升速度略有降低，而 SH、SL 处理则在 8～18 h 产气量上升速度最快，18～24 h 产气量趋于平缓。各处理苜蓿干草捆在贮藏 90 天时体外培养产气量高低顺序为：FR＞FC＞SL＞SH。

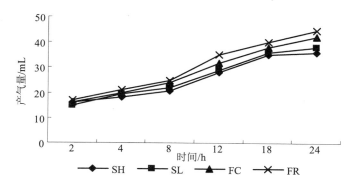

图 3.46　苜蓿干草捆贮藏 90 天体外培养 24 h 产气量

如图 3.47 所示，各处理干草捆在贮藏 360 天时，体外培养过程中产气量均呈上升趋势。各处理组苜蓿干草捆产气量在 2～8 h 上升缓慢，而后各处理产气量呈不同上升趋势。其中 SL、SH 处理在 8～18 h 上升最快，18～24 h 产气量趋于平缓，而 FR、FC 处理在 8～12 h 产气量上升最快，12～24 h 产气量上升速度略有下降。各处理苜蓿干草捆在贮藏 360 d 时体外培养产气量高低顺序为：FR＞FC＞SL＞SH。

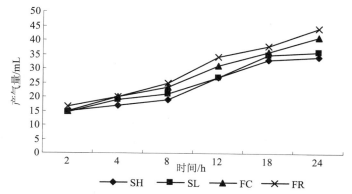

图 3.47　苜蓿干草捆贮藏 360 天体外培养 24 h 产气量

3.3.4 苜蓿干草捆体外消化培养过程中 pH 的测定

各个时间点培养液的 pH 是瘤胃发酵的酸性产物（挥发性脂肪酸）和碱性产物（氨）平衡的结果。挥发性脂肪酸主要来自于有机物的发酵，氨主要来自于粗蛋白的发酵，所以某一时间点的 pH 反映了饲料各养分的发酵量的多少以及发酵的速度。

从表 3.28 中可看出，各处理干草捆在体外培养过程中 pH 均呈现先下降而后逐渐升高的波动性变化趋势。这是由于在体外培养前期 NH$_3$-N 浓度变化不大，而随着碳水化合物的发酵，TVFA 浓度持续升高，从而导致 pH 下降。而随着碳水化合物的发酵，TVFA 浓度的逐渐下降，NH$_3$-N 浓度普遍大幅度升高，致使 pH 有所回升。

从表中还可以看出，除 SH 处理贮藏 360 天体外培养 pH 略高外，其余各处理的 pH 基本在正常范围变动，不会对瘤胃微生物发酵产生不利的影响，各处理中以 FR、FC 处理 pH 最为适宜。

表 3.28　苜蓿干草捆体外培养 24 h 不同时间点 pH

贮藏时间/d	处理	体外培养时间/h						均值
		2	4	8	12	18	24	
0	SH	6.68	6.61	6.54	6.52	6.55	6.62	6.59b
	SL	6.89	6.85	6.79	6.71	6.81	6.84	6.82a
	FC	6.57	6.51	6.47	6.42	6.48	6.52	6.50c
	FR	6.49	6.44	6.41	6.37	6.43	6.46	6.43d
10	SH	6.75	6.69	6.65	6.61	6.63	6.71	6.67b
	SL	6.87	6.83	6.80	6.74	6.82	6.89	6.83a
	FC	6.63	6.55	6.51	6.43	6.49	6.53	6.52c
	FR	6.54	6.51	6.46	6.41	6.45	6.49	6.48c
21	SH	6.81	6.77	6.71	6.63	6.69	6.72	6.72b
	SL	6.93	6.90	6.85	6.74	6.79	6.81	6.84a
	FC	6.71	6.67	6.65	6.54	6.62	6.71	6.65c
	FR	6.61	6.59	6.52	6.42	6.47	6.55	6.53d

贮藏时间/d	处理	体外培养时间/h						均值
		2	4	8	12	18	24	
33	SH	6.88	6.84	6.81	6.71	6.77	6.82	6.81a
	SL	6.92	6.88	6.82	6.68	6.78	6.81	6.82a
	FC	6.73	6.71	6.67	6.56	6.62	6.68	6.66b
	FR	6.60	6.58	6.54	6.46	6.51	6.57	6.54c
90	SH	6.95	6.92	6.89	6.81	6.79	6.88	6.87a
	SL	6.91	6.89	6.85	6.73	6.75	6.84	6.83b
	FC	6.75	6.72	6.69	6.58	6.59	6.71	6.67c
	FR	6.68	6.65	6.61	6.45	6.56	6.59	6.59d
360	SH	7.06	7.04	7.01	6.89	6.87	6.98	6.98a
	SL	6.97	6.94	6.92	6.79	6.81	6.89	6.89b
	FC	6.73	6.71	6.68	6.59	6.63	6.72	6.68c
	FR	6.70	6.68	6.65	6.49	6.57	6.64	6.62d

注：表中结果均为 3 次重复测得的平均值，数据右字母相同表示差异不显著，右字母相邻表示差异显著，小写字母代表 0.05 显著水平。

从图 3.48 中可以看出，打捆当天各处理苜蓿干草捆体外培养过程中 pH 均呈现先下降后上升趋势。如图中所示，各处理组 pH 在 2～12 h 逐渐下降，在 12 h 达到最低值，而后逐渐上升。打捆当天各处理干草捆体外培养过程中 pH 高低顺序为：SL＞SH＞FC＞FR。

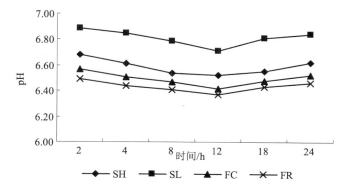

图 3.48 苜蓿干草捆（贮藏 0 天）体外培养 24 h 不同时间点 pH 变化情况

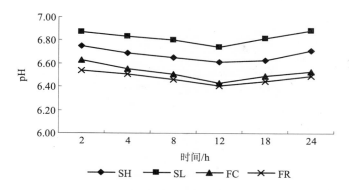

图 3.49 苜蓿干草捆 (贮藏 10 天) 体外培养 24 h 不同时间点 pH 变化情况

如图 3.49 所示，贮藏 10 天时，各处理干草捆体外培养过程中 pH 亦呈现先下降后上升趋势。由图中可以看出，各处理组 pH 在培养前期逐渐下降，在 12 h 达到最低值，而后逐渐上升。贮藏 10 天时各处理干草捆体外培养过程中 pH 高低顺序为：SL＞SH＞FC＞FR。

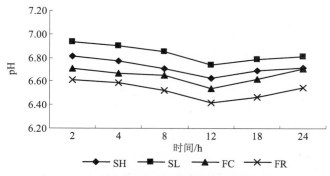

图 3.50 苜蓿干草捆 (贮藏 21 天) 体外培养 24 h 不同时间点 pH 变化情况

从图 3.50 中可以看出，贮藏 21 d 时，各处理干草捆体外培养过程中 pH 亦呈现先下降后上升趋势。各处理 pH 在 2～12 h 逐渐下降，在 12 h 达到最低值，而后逐渐上升。各处理干草捆体外培养过程中 pH 均值高低顺序为：SL＞SH＞FC＞FR。

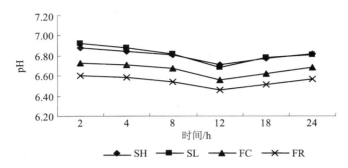

图 3.51 苜蓿干草捆（贮藏 33 天）体外培养 24 h 不同时间点 pH 变化情况

如图 3.51 所示，贮藏 33 天时，各处理干草捆体外培养过程中 pH 均呈现先下降后上升趋势。从图中可看出，各处理组 pH 在 2～12 h 逐渐下降，在 12 h 达到最低值，而后逐渐上升。贮藏 33 天时各处理干草捆体外培养过程中 pH 高低顺序为：SL＞SH＞FC＞FR。

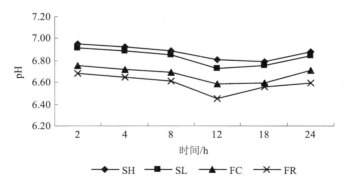

图 3.52 苜蓿干草捆（贮藏 90 天）体外培养 24 h 不同时间点 pH 变化情况

如图 3.52 所示，贮藏 90 天时，各处理干草捆体外培养过程中 pH 亦呈现先下降后上升趋势。从图中可看出，各处理组 pH 在 2～8 h 逐渐下降但下降速度缓慢，在 8～12 h 下降速度逐渐加快，在 12 h

各处理组 pH 达到最低值，而后 pH 逐渐上升。各处理干草捆体外培养过程中 pH 高低顺序为：SH＞SL＞FC＞FR。

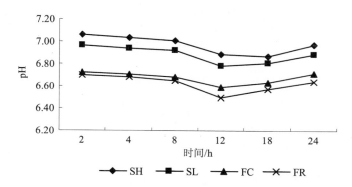

图 3.53　苜蓿干草捆（贮藏 360 天）体外培养 24 h 不同时间点 pH 变化情况

如图 3.53 所示，贮藏 360 天时，各处理干草捆体外培养过程中 pH 亦呈现先下降后上升趋势。从图中可看出，各处理组 pH 在 2～8 h 逐渐下降，但此阶段下降速度较为缓慢，在 8～12 h 下降速度明显加快，各处理组 pH 在 12 h 达到最低值，而后 pH 逐渐上升。各处理干草捆在贮藏 360 天时体外培养过程中 pH 均值高低顺序为：SH＞SL＞FC＞FR。

3.3.5　苜蓿干草捆体外消化培养过程中挥发性脂肪酸（VFA）的测定

碳水化合物发酵的主要产物是乙酸、丙酸、丁酸等 VFA，VFA 是反刍动物合成乳脂肪和体脂肪的主要原料，也是其所需能量的主要来源。VFA 的浓度与饲料中可溶性碳水化合物的种类、含量比例有直接的关系。本试验对不同处理苜蓿干草捆体外消化培养过程中乙酸、丙酸、丁酸以及总挥发性脂肪酸（TVFA）的浓度进行了测定，各时间点测定值的平均值列于表 3.29。

表 3.29　贮藏期内不同处理苜蓿干草捆体外培养 24 h VFA 平均浓度

贮藏时间/d	处理	乙酸	丙酸	丁酸	TVFA	乙酸/丙酸
0	SH	46.21c	10.17b	5.18c	61.56c	4.54b
	SL	44.25d	10.01c	5.09d	59.35d	4.42c
	FC	47.64b	10.35a	5.27b	63.26b	4.60b
	FR	48.57a	10.17b	5.46a	64.20a	4.78a
10	SH	45.14c	9.96c	4.43c	59.53c	4.53c
	SL	44.07d	9.67d	4.11d	57.85c	4.56bc
	FC	46.48b	10.12a	5.14b	61.74b	4.59b
	FR	48.02a	10.09b	5.27a	63.38a	4.76a
21	SH	44.72c	9.91a	4.37c	59.00c	4.51c
	SL	44.09d	9.92a	4.15d	58.16d	4.44d
	FC	46.25b	9.96a	5.07b	61.28b	4.64b
	FR	47.25a	9.98a	5.15a	62.38a	4.73a
33	SH	44.05c	9.81c	4.26c	58.12c	4.49c
	SL	44.14c	9.87bc	4.13d	58.14c	4.47c
	FC	45.73b	9.92ab	4.78b	60.43b	4.61b
	FR	46.69a	9.95a	4.96a	61.60a	4.69a
90	SH	43.37c	9.72c	4.05c	57.14c	4.46c
	SL	44.11c	9.82b	4.16c	58.09c	4.49c
	FC	45.54b	9.89a	4.73b	60.16b	4.60b
	FR	46.28a	9.91a	4.94a	61.13a	4.67a
360	SH	42.58d	9.67c	3.97c	56.22d	4.40c
	SL	43.75c	9.78b	4.07c	57.60c	4.47b
	FC	45.49b	9.85ab	4.71b	60.05b	4.62a
	FR	46.19a	9.90a	4.93a	61.02a	4.67a

注：表中数据为体外培养过程中不同时间点测定值的平均值，表中结果均为三次重复测得的平均值，数据右字母相同表示差异不显著，右字母相邻表示差异显著，小写字母代表 0.05 显著水平。

由表 3.29 可以看出，随着贮藏时间的延长，各处理干草捆体外消化培养过程中 TVFA 浓度逐渐降低，乙酸、丙酸、丁酸以及乙酸/丙酸的变化规律和 TVFA 一致。不同贮藏时间各处理干草捆之间 VFA 浓度的对比情况见图 3.54～图 3.59。

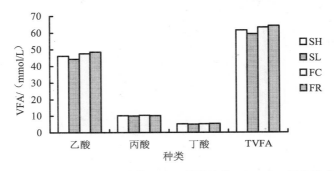

图 3.54　苜蓿干草捆（贮藏 0 天）体外培养 24 h VFA 平均浓度

如图 3.54 所示，在打捆当天，各处理干草捆体外消化培养过程中 TVFA 浓度高低顺序为：FR＞FC＞SH＞SL。说明 FR 处理中可溶性碳水化合物的发酵率要高于其他处理，故其 TVFA 浓度在各处理中最高，各处理乙酸、丙酸和丁酸的变化规律与 TVFA 一致。

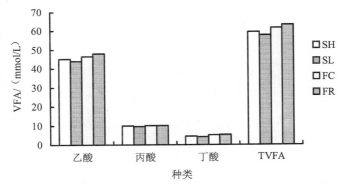

图 3.55　苜蓿干草捆（贮藏 10 天）体外培养 24 h VFA 平均浓度

由图 3.55 可以看出，贮藏 10 天时，各处理干草捆在体外消化培养过程中 TVFA 浓度高低顺序为：FR＞FC＞SH＞SL。各处理乙酸变化规律与 TVFA 一致。

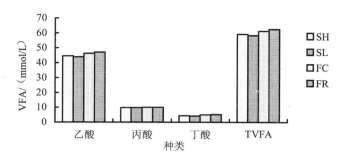

图 3.56 苜蓿干草捆（贮藏 21 天）体外培养 24 h VFA 平均浓度

如图 3.56 所示，贮藏 21 天时，各处理干草捆体外消化培养过程中 TVFA 浓度高低顺序为：FR＞FC＞SH＞SL。各处理乙酸、丁酸的变化规律与 TVFA 一致，各处理之间丙酸浓度差异不显著（$P<0.05$）。

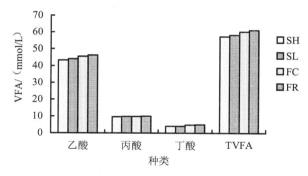

图 3.57 苜蓿干草捆（贮藏 33 天）体外培养 24 h VFA 平均浓度

如图 3.57 所示，贮藏 33 天时，各处理干草捆体外消化培养过程中 TVFA 浓度高低顺序为：FR＞FC＞SL＞SH。各处理乙酸、丁酸的变化规律与 TVFA 一致，除 FR 处理外，各处理之间丙酸浓度差异不显著（$P<0.05$）。

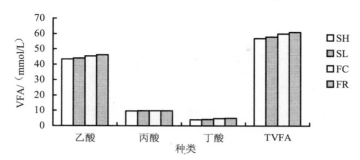

图 3.58 苜蓿干草捆（贮藏 90 天）体外培养 24 h VFA 平均浓度

由图 3.58 可见，贮藏 90 天时，各处理干草捆体外消化培养过程中 TVFA 浓度高低顺序为：FR＞FC＞SL＞SH。各处理乙酸、丁酸的变化规律与 TVFA 一致。

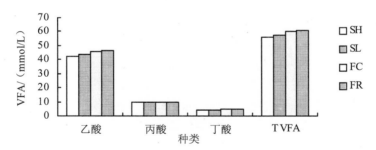

图 3.59 苜蓿干草捆（贮藏 360 天）体外培养 24 h VFA 平均浓度

如图 3.59 所示，各处理干草捆贮藏 360 天时，体外消化培养过程中 TVFA 浓度高低顺序为：FR＞FC＞SL＞SH。各处理乙酸、丁酸的变化规律与 TVFA 一致，各处理之间丙酸浓度差异较小。

由图 3.54～图 3.59 可以看出，对不同贮藏时间各处理干草捆体外消化培养试验显示，FR 处理 TVFA 及乙酸浓度显著高于其他各处理（$P<0.05$）。这说明 FR 处理可溶性碳水化合物的发酵率要明显高于其他处理，故其 TVFA 浓度在各处理中最高，同时由于 FR 处理干

草捆中纤维素及半纤维素发酵率较高，所以导致其乙酸浓度高于其他处理。

3.3.6 苜蓿干草体外降解率的测定

不同处理干草捆经 24 h 体外发酵后，其 DM、CP、NDF、ADF 降解率如表 3.30 所示，不同贮藏时间各处理苜蓿干草捆之间的对比情况见图 3.60～图 3.65。

表 3.30 贮藏期内不同处理苜蓿干草捆体外降解率对比情况

贮藏时间/d	处理	DM 降解率/%	CP 降解率/%	NDF 降解率/%	ADF 降解率/%
0	SH	70.51b	87.51c	35.17c	29.33c
	SL	68.84c	83.46d	44.52a	38.51a
	FC	70.74b	88.26b	35.03c	29.84c
	FR	71.53a	89.32a	36.35b	30.57b
10	SH	69.37b	85.46c	36.81b	29.15c
	SL	68.48c	83.51d	44.47a	37.74a
	FC	70.27b	87.59b	35.31c	29.47c
	FR	70.81a	88.47a	35.54c	30.16b
21	SH	66.58d	83.38c	39.74b	28.29d
	SL	67.73c	83.14c	44.51a	36.87a
	FC	69.36b	86.39b	35.67c	29.15c
	FR	70.29a	87.26a	35.83c	30.04b
33	SH	65.21d	82.47c	41.39b	27.87d
	SL	67.33c	83.11b	44.50a	36.46a
	FC	68.74b	86.16b	36.37c	28.93c
	FR	69.51a	86.87a	36.78c	29.94b
90	SH	64.37d	81.26d	41.23b	27.35d
	SL	66.52c	82.87c	44.26a	35.47a
	FC	68.85b	85.84b	36.94c	28.82c
	FR	69.17a	86.39a	37.01c	29.79b
360	SH	61.54d	80.79d	40.68b	27.14c
	SL	63.36c	82.61c	44.17a	35.15a
	FC	64.39b	84.47b	36.59c	28.67bc
	FR	66.67a	85.58a	37.28c	29.18b

如表 3.30 所示，随着贮藏时间的延长，各处理组 DM、CP、ADF 降解率逐渐降低，但 NDF 降解率随着贮藏期的延长逐渐升高，这与丁武荣（2008）的研究结果相一致[133]。由表 3.30 可以发现，贮藏至 360 天，各处理 DM 降解率高低顺序为：FR＞FC＞SL＞SH，各处理 CP 降解率高低顺序为：FR＞FC＞SL＞SH。试验结果表明，FR、FC 处理 DM、CP 降解率显著高于其他处理（$P < 0.05$），添加复合型天然防霉剂 FA 进行打捆贮藏，较其他处理可明显提高苜蓿干草降解率。

由于复合型天然防霉剂 FA 中含有天然沸石成分，沸石中含有镍、钛、钼、硒等微量元素，这些元素都是动物体内酶的激活物质，可有效提高动物体内酶的活性。另外，沸石在机体内对某些生物酶也起到了催化作用，促进了机体对营养物质的消化吸收，从而提高了干草降解率。

3.3.6.1　贮藏时间对苜蓿干草捆体外降解率的影响

如图 3.60 所示，打捆当天 SL 处理 DM、CP 降解率显著低于其他各处理（$P < 0.05$），这是由于 SL 处理在打捆时含水量较低，营养成分损失严重，而 FR、FC、SH 处理是在高水分情况下进行打捆，打捆时各营养成分含量显著高于 SL 处理，所以导致打捆当天 SL 处理 DM、CP 降解率低于其他各处理。FR、FC 处理由于添加复合型天然防霉剂 FA，使其 DM、CP 降解率高于 SH 处理。从图中可以看出，各处理干草捆打捆当天时经 24 h 体外发酵，DM 降解率高低顺序为：FR＞FC＞SH＞SL，CP 降解率高低顺序为：FR＞FC＞SH＞SL。

由于 SL 处理是在低水分条件下进行打捆贮藏，在打捆时叶片损失严重，茎叶比增大，致使纤维含量较高，NDF、ADF 含量占干物质比例增加，因此导致其体外降解率也相应较高。所以，打捆当天各处理 NDF 降解率高低顺序为：SL＞FR＞SH＞FC，ADF 降解率高低顺序为：SL＞FR＞FC＞SH。

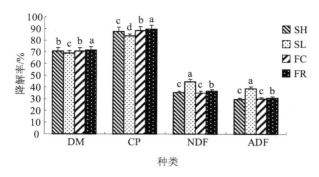

图 3.60　苜蓿干草捆（贮藏 0 天）体外培养 24 h 降解率对比

如图 3.61 所示，由于 SH 处理是在高水分条件下进行打捆贮藏，打捆时未采取任何防霉措施，因此在整个贮藏过程中营养损失较大，尤其是 CP 损失较为严重，因此导致其 DM、CP 降解率最低。FR、FC 处理虽然也是在高水分条件下进行打捆贮藏，但由于两处理均添加复合型天然防霉剂 FA，使其在贮藏前期能够快速降低草捆水分含量，降低草捆温度，抑制微生物活动，减少热害发生，有效保存苜蓿干草的营养成分，所以贮藏至 360 天，FR、FC 处理 DM、CP 降解率较高，特别是 FR 处理 DM、CP 降解率显著高于其他各处理（$P < 0.05$）。

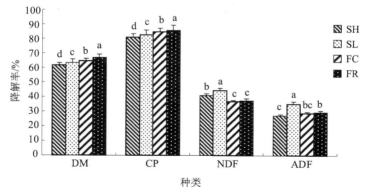

图 3.61　苜蓿干草捆（贮藏 360 天）体外培养 24 h 降解率对比

贮藏至 360 天，各处理干草捆经 24 h 体外发酵后，DM、CP 降解率高低顺序均为：FR＞FC＞SL＞SH。各处理 NDF 降解率高低顺序为：SL＞SH＞FR＞FC，ADF 降解率高低顺序为：SL＞FR＞FC＞SH。

3.3.6.2　不同处理苜蓿干草捆贮藏期内体外降解率的变化

由图 3.62 可以看出，随着贮藏时间的延长，SH 处理 DM、CP 降解率逐渐降低，特别是 CP 降解率下降最为明显。这与其在高水分条件下未采取任何防霉措施进行打捆贮藏，导致 CP 大量损失有直接关系。

从图 3.62 可以发现，随着贮藏时间的延长，SH 处理 NDF 降解率呈上升趋势，这是由于 SH 处理在贮藏过程中，高水分条件为微生物的生长繁殖创造了极其有利的条件，导致微生物大量繁殖，在微生物活动过程中将干草中的粗纤维分解成半纤维素，且半纤维素正好能够被瘤胃微生物降解利用。因此，随着贮藏时间的延长，SH 处理的 NDF 中半纤维素含量较其他处理组明显增加，导致 SH 处理 NDF 降解率增加。同时，微生物还能够将 ADF 中的纤维素、果胶等物质进行分解，导致 SH 处理的 ADF 中只剩下不易降解的成分，因此随着贮藏时间的延长，SH 处理 ADF 体外降解率呈下降趋势。

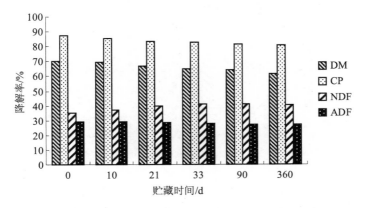

图 3.62　SH 处理苜蓿干草捆贮藏期内体外降解率变化

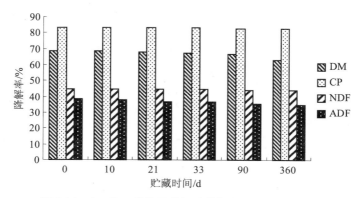

图 3.63　SL 处理苜蓿干草捆贮藏期内体外降解率变化

从图 3.63 可以看出，贮藏期内 SL 处理 DM、CP、NDF、ADF 体外降解率均变化不明显。分析其原因是由于 SL 处理在低水分条件下进行打捆贮藏，贮藏过程中不会出现热害等现象，各营养指标含量趋于稳定，因此各营养物质体外降解率变化不大。

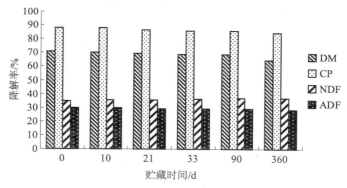

图 3.64　FC 处理苜蓿干草捆贮藏期内体外降解率变化

如图 3.64 所示，随着贮藏时间的延长，FC 处理 DM、CP、ADF 体外降解率逐渐降低，但较 SH 处理下降幅度较小，NDF 体外降解率上下变化不大。这可能是由于添加 FA 以后，使其在贮藏前期能够快速降低草捆水分含量，降低草捆温度，抑制微生物活动，减少热害发生，有效地减少了干草营养物质损失，其 NDF 含量变化幅度相对较小，故其体外降解率变化幅度不大。

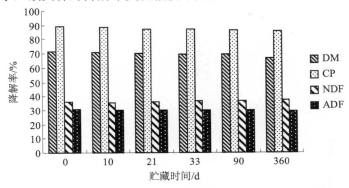

图 3.65 FR 处理苜蓿干草捆贮藏期内体外降解率变化

如图 3.65 所示，贮藏过程中，FR 处理 DM、CP、ADF 体外降解率逐渐降低，但较 FC、SH 处理下降幅度较小，NDF 体外降解率上下变化不大。其原因是 FR 处理在打捆前各营养指标含量较高，同时添加 FA 进行打捆贮藏，贮藏期间有效地减少了营养物质损失，因此贮藏至 360 天，其 DM、CP 体外降解率显著高于其他各处理。

3.3.7 小结

本试验对不同处理苜蓿干草捆贮藏过程中体外消化特性以及适口性进行了试验研究，通过对不同贮藏时间各处理苜蓿干草捆体外培养过程中产气量、pH、VFA、体外消化率进行测定。结果表明：苜蓿干草在田间调制过程中采用压扁结合喷施碳酸钾处理，同时添加复合型天然防霉剂 FA 进行打捆贮藏，较其他处理能够有效地减少苜蓿干草营养成分损失，提高苜蓿干草消化率，并且动物适口性较好，采食率较高，各处理中以 FR 处理效果最佳。

第4章
讨　论

　　本书通过对苜蓿干草田间调制关键工艺条件进行研究，分别从苜蓿水分散失规律、叶片损失率、主要营养指标变化以及不同干燥方式对苜蓿茎、叶解剖结构的影响等方面进行对比分析，最终筛选出苜蓿干草田间调制的最适条件。继而通过复合型天然防霉剂最佳配比组合筛选试验，同时结合苜蓿干草田间调制的最适条件，将筛选出的最佳配比复合型天然防霉剂添加到不同处理苜蓿干草中进行打捆贮藏试验，分别从贮藏期内苜蓿干草水分、干物质损失情况、温度的变化、真菌种群变化、贮藏后感官评定以及不同处理苜蓿干草捆贮藏期内品质变化等方面做了深入的研究，进而得出苜蓿干草捆的最佳贮藏条件。最后对不同处理苜蓿干草捆贮藏过程中体外消化特性进行了研究，通过对其体外培养过程中产气量、pH、VFA、体外消化率等指标进行测定，最终确立苜蓿干草田间调制以及贮藏的最适条件。

4.1 苜蓿干草田间调制最适条件探讨

4.1.1 喷施干燥助剂结合物理处理对苜蓿干草营养成分的影响

苜蓿干草晾晒过程中，当细胞间隙的自由水散失完以后，水分从细胞内进入细胞间隙时，细胞壁的阻力较大，干燥速度慢，通常叶片表皮的角质层是疏水亲油的蜡质层，在一定程度上阻止了牧草水分的散失。而干燥助剂能够破坏植物体表面的蜡质结构，使气孔张开，改变表皮的蜡质疏水性，加速水分的散失，因此缩短了干燥时间，降低了营养物质的损失。另外，将茎秆压扁，也可使茎表皮角质层破坏，消除茎秆角质层和纤维素对水分蒸发的阻碍，增大水导系数，加快茎中水分散失速度，尽快使茎秆与叶片的干燥速度同步。Meredith 研究表明，从干燥剂和机械压扁处理的效果比较研究来看，二者结合处理效果较好。

研究认为，碳酸盐中碱金属离子对水分的渗透有特殊的作用，这种作用随着碱金属离子半径的增加而增强，即其加速苜蓿干燥的效果也更明显。干燥剂的 pH 影响碱金属离子对水渗透性的作用。当一价碱金属离子存在，pH 为 3 或 11 时，角质层水的渗透性可以提高 5 倍；当 pH 为 6～9 时，角质层可根据原子核半径识别不同的碱金属离子，这一识别作用是由于羟基与角质层的结合；而 CO_3^{2-} 离子是决定溶液 pH 的因素。因此，碳酸钾能够加快苜蓿干燥是由于 K 离子作用于角质层提高水分渗透性及 CO_3^{2-} 为这一作用提高适当的 pH 共同作用的结果。

国内外学者在苜蓿干草调制方面做了大量的研究工作，其最终目的就是为了在调制过程中缩短田间干燥时间，使其尽快脱水，最大限度地降低营养物质的损失，从而调制出高品质的干草。本试验通过不同干燥方法调制晾晒苜蓿干草，分别从苜蓿水分散失规律、叶片损失率、主要营养指标变化等方面进行对比分析。研究结果显示，喷施 2.5%碳酸钾结合压扁处理较其他各处理可明显加快苜蓿的干燥速度，有效地减少苜蓿叶片的损失，更好地保存苜蓿干草营养成分的含量。

4.1.2 喷施干燥助剂及物理处理对苜蓿茎、叶解剖结构的影响

本试验研究结果显示，压扁处理能够破坏茎的表皮以及髓的结构，碳酸钾和碳酸氢钠溶液对苜蓿茎、叶表皮细胞上的角质膜均具有一定的溶解作用，使得角质膜变薄或呈间断性分布。研究发现，碳酸钾溶液对紫花苜蓿茎、叶表皮角质膜的溶解作用要比相同浓度的碳酸氢钠溶液效果明显。而且，苜蓿茎部经碳酸钾溶液处理后，其内部结构发生了很大的变化，表现为茎部皮层薄壁细胞间隙明显增大，这在苜蓿干草干燥过程中，就大大减少了茎部水分蒸发的阻力，缩短了苜蓿茎部的干燥时间。因此压扁结合喷施喷施 2.5%碳酸钾溶液处理其他各处理可明显加快苜蓿的干燥速度，有效地减少了苜蓿叶片的损失，更好地保存苜蓿干草营养成分的含量。

研究认为：碱金属的碳酸盐类化学干燥剂对苜蓿茎、叶的作用效果受以下几个因素的影响：一是受化学干燥剂浓度的影响；二是受化学干燥剂和茎、叶接触的时间长短的影响；三是受碱金属离子半径大小的影响。碳酸盐中碱金属离子对水分的渗透有特殊的作用，这种作用随着碱金属离子半径的增加而增强，即其加速苜蓿干燥的效果也更明显。因此，分析碱金属碳酸盐类化学干燥剂对苜蓿解剖结构的影响，有待从上述几方面进一步试验研究。

4.2 苜蓿干草最佳贮藏条件探讨

本书通过复合型天然防霉剂最佳配比组合筛选试验，同时结合苜蓿干草田间调制的最佳工艺条件，将筛选出的最佳配比复合型天然防霉剂添加到不同处理苜蓿干草中进行打捆贮藏试验，分别从贮藏过程中苜蓿干草水分、干物质损失情况、温度的变化、真菌种群变化、贮藏后感官评定以及不同处理苜蓿干草捆贮藏期内品质变化

等方面做了深入的研究。结果表明：苜蓿干草在田间调制过程中采用压扁结合喷施碳酸钾处理,同时添加复合型天然防霉剂 FA 进行打捆贮藏,较其他处理能够有效保存苜蓿干草营养成分,提高苜蓿干草品质。

如图 4.1 所示,本试验采用粗饲料评定指数——饲料相对值（RFV）对不同处理苜蓿干草捆贮藏 360 天后进行饲用价值评定,依据前文表 1.4 干草质量标准,可以发现 FR 处理在贮藏 360 天后仍能够达到 Ⅱ 级干草标准。

表 4.1　苜蓿干草捆贮藏 360 d 后饲用价值　　　　　单位：%

处理	CP	ADF	NDF	DDM	DMI	RFV
SH	9.31	47.57	59.74	51.84	2.01	80.73
SL	13.71	44.18	52.94	54.48	2.27	95.74
FC	16.71	42.15	51.69	56.07	2.32	100.90
FR	18.17	39.54	51.13	58.10	2.35	105.70

4.2.1　复合型天然防霉剂的应用效果

干草贮藏过程中,其营养成分的损失与草捆内温度以及微生物的活动有直接关系。如果在高水分条件无任何防霉措施情况下进行打捆贮藏,就会发生热害。干草防霉剂的应用可以有效地抑制草捆内有害微生物的活动,减少营养物质的损失,提高干草 CP 的消化率,有效地保证苜蓿干草的品质。目前,干草防腐剂种类较多,主要包括有机酸类、铵类化合物、尿素和生物制剂等。其中,双乙酸钠、丙酸和氨水等防霉效果较好。但是由于这些化合物只能抑制真菌,所以在整个贮藏过程中只有保持足够的浓度才会一直发挥作用,另外像丙酸等防霉剂热稳定性差、易挥发,在单独使用时还容易与干草中的钙结合,从而失去活性。相比之下复合型天然防霉剂具有无挥发性、分散性和效果全面性等众多优点,而且广谱防霉抗菌能力强,适用范围广,同时各成分之间还可起到协同作用。因此,未来防霉剂的研究和开发，应该向优质、高效、全面、成本低且无毒副作用、无残留的复合型防霉剂方向发展。

目前，干草防霉研究方面，添加复合型防霉剂进行干草打捆贮藏的研究较少。因此，本试验在苜蓿干草贮藏过程中选用复合型防霉剂。所用的复合型天然防霉剂主要由氧化钙、陈皮以及沸石粉组成。氧化钙具有价格低廉、毒副作用小同时能够为饲料中补充钙源等优点。陈皮作为中草药防霉剂，防霉效果明显。沸石是含碱金属和碱土金属的含水铝硅酸盐类，具有较大的比表面积和离子吸附能力，同时具有亲水性的负电荷表面，所以在苜蓿干草贮藏初期能够快速吸收草捆中的水分，吸水后使其体积可膨胀 15～20 倍，同时还可吸附带有极性基团的霉菌霉素，如黄曲霉毒素。同时，沸石中含有镍、钛、钼、硒等畜禽所需的微量元素，这些元素都是动物体内酶的激活物质，可大大提高动物体内酶的活性。另外，沸石在机体内对某些生物酶也起到了催化作用，促进了机体对营养物质的消化吸收，能有效提高干草消化率。

试验结果表明，将不同组合配比的复合型天然防霉剂添加到苜蓿干草捆进行霉菌数量、CP 含量以及 TDN 值的测定，综合评定后筛选出各因素的最适添加水平，即氧化钙添加量为 1%，陈皮添加量为 0.3%，沸石粉添加量为 2% 时，添加复合型天然防霉剂能够更好地保存苜蓿干草营养成分的含量，防霉效果显著。

但是，由于本试验采用正交试验设计来确定复合型天然防霉剂的最佳配比，因此复合型天然防霉剂的最优添加量还有待于进一步试验研究。同时，由于复合型天然防霉剂中含有沸石等矿物成分，对苜蓿干草中的矿物元素含量有一定影响，另外复合型天然防霉剂的添加，对苜蓿干草所含的矿物元素是否有抑制分解等作用还有待于进一步的研究。

4.2.2 复合型天然防霉剂的成本

本试验所使用的复合型天然防霉剂与市场上现行销售的单一型防霉剂价格对比情况如表 4.2 所示，由表中可以看出，FA 成本要明显低于是市场上单一型添加剂成本。

表 4.2　防霉剂成本比较情况

添加剂	成分	市场价格	添加量	每吨干草添加剂成本
复合型天然防霉剂	氧化钙	0.45 元/kg	33 g/kg	25～26 元/t
	沸石粉	0.16 元/kg		
	陈皮	6 元/kg		
丙酸盐	—	16～24 元/kg	2～3 g/kg	32～72 元/t
双乙酸钠	—	15 元/kg	2～5 g/kg	30～75 元/t
丙酸	—	18 元/kg	2～3 g/kg	36～54 元/t

目前，市场上销售的主要是单一型防霉剂，价格较高且防霉效果不理想。另外，由于广大农牧民对干草贮藏过程中营养成分的有效保存意识不强，往往在干草保存方面投入的成本较少，使得防霉剂未得到广泛的使用。相对而言，复合型天然防霉剂成本低、效果好，并且能够有效地减少干燥贮藏过程中营养成分的损失，还可增加干草中微量元素，提高家畜生产性能。

4.3　苜蓿干草体外消化特性的探讨

各个时间点培养液的 pH 是瘤胃发酵的酸性产物（挥发性脂肪酸）和碱性产物（氨）平衡的结果。挥发性脂肪酸主要来自于有机物的发酵，氨主要来自于粗蛋白的发酵，所以，某一时间点的 pH 反映了饲料各养分的发酵量的多少以及发酵的速度。众多学者研究瘤胃 pH 变化规律得出，反刍动物瘤胃 pH 的范围一般在 6.0～7.0[201]，适宜纤维素消化的瘤胃 pH 为 6.0～6.8，适宜 VFA 形成的瘤胃 pH 为 6.2～6.6，适宜蛋白质合成的瘤胃 pH 为 6.3～7.4，适宜 NH_3-N 产生的瘤胃 pH 为 6.2 左右。因此，本试验各处理苜蓿干草的 pH 基本在正常范围变动，不会对瘤胃微生物发酵产生不利影响，各处理中以 FR、FC 处理 pH 最为适宜。

VFA 是反刍动物合成乳脂肪和体脂肪的主要原料，也是其所需能量的主要来源，VFA 的浓度与饲料中可溶性碳水化合物的种类、含量比例有直接的关系。本试验表明，随着贮藏时间的延长，各处理苜蓿干草捆体外消化培养过程中 TVFA 浓度逐渐降低，乙酸、丙酸、丁酸以及乙酸/丙酸的变化规律和 TVFA 一致。各处理中以 FR 处理 TVFA 及乙酸浓度显著高于其他各处理（$P < 0.05$）。这说明 FR 处理可溶性碳水化合物的发酵率要明显高于其他处理，故其 TVFA 浓度在各处理中最高，同时由于 FR 处理干草捆中纤维素及半纤维素发酵率较高，所以导致其乙酸浓度高于其他处理。

DM 在瘤胃中的降解率反映了饲料消化的难易程度，它与饲料蛋白质、氨基酸、淀粉降解率都存在一定的相关性。试验发现，随着贮藏时间的延长，各处理组 DM、CP、ADF 降解率逐渐降低，但是 NDF 降解率随着贮藏期的延长逐渐升高，这与丁武荣（2008）的研究结果相一致。贮藏至 360 天，各处理 DM 降解率高低顺序为 FR＞FC＞SL＞SH，各处理 CP 降解率高低顺序为 FR＞FC＞SL＞SH，结果显示 FR、FC 处理 DM、CP 降解率显著高于其他处理（$P < 0.05$）。添加复合型天然防霉剂 FA 进行打捆贮藏，较其他处理能够有效保存苜蓿干草营养成分，提高苜蓿干草降解率。

第 5 章
结 论

本书通过试验研究和分析讨论，得出以下结论：

（1）苜蓿干草田间调制过程中，喷施 2.5%碳酸钾溶液结合压扁处理可明显加快苜蓿干燥速度，有效地减少叶片损失，更好地保存苜蓿干草营养成分，其总可消化营养物质（TDN）较对照处理提高 5.6%。

（2）压扁处理能够破坏叶片、茎的表皮以及髓的结构。碳酸钾和碳酸氢钠溶液对茎、叶表皮细胞上的角质膜均具有一定的溶解作用，使得角质膜变薄或呈间断性分布。相比之下，碳酸钾溶液对茎、叶表皮角质膜的溶解作用要比相同浓度的碳酸氢钠溶液效果明显。苜蓿茎经碳酸钾溶液处理后，茎部皮层薄壁细胞间隙明显增大，这在苜蓿干草干燥过程中，有效地减少了茎部水分蒸发的阻力，缩短了苜蓿茎秆干燥时间。

（3）通过复合型天然防霉剂筛选试验，对霉菌数量、粗蛋白（CP）含量以及总可消化营养物质（TDN）等方面进行综合评定，得出复合型天然防霉剂 FA 各成分最适添加水平，当氧化钙添加量为 1%，陈皮添加量为 0.3%，沸石粉添加量为 2%时，能够有效地保存苜蓿干草营养成分，同时防霉效果显著，且成本明显低于市场现行销售的单一型防霉剂。

（4）对不同贮藏时间苜蓿干草捆体外消化特性（体外产气量、pH、挥发性脂肪酸浓度、动态降解率及降解参数）进行对比分析，打捆贮藏时添加复合型天然防霉剂 FA，苜蓿干草的降解率明显提高。

（5）综合各项试验结果，得出苜蓿最佳调制及贮藏方式：在田间调制过程中喷施 2.5%碳酸钾溶液结合压扁处理，同时添加复合型天然防霉剂 FA，进行高水分打捆（含水量为 28%～30%）贮藏，利用此法调制的干草，贮藏至 360 天，粗蛋白含量仍可保持在 18.17%，其相对饲喂价值（RFV）和干物质降解率分别为 105.7%和 66.67%，可达到 II 级干草标准。

缩略语表

DM（Dietary Matter）	干物质
CP（Crude Protein）	粗蛋白
CA（Curde Ash）	粗灰分
EE（Ether Extract）	粗脂肪
CF（Curde Fiber）	粗纤维
NFE（Nitrogen Free Extract）	无氮浸出物
TDN（Total Digestible Nutrient）	总可消化营养物质
DMI（Dry Matter Intake）	干物质采食量
OM（Oroganic Matter）	有机物质
ADF（Acid Detergent Fibre）	酸性洗涤纤维
NDF（Nutral Detergent Fibre）	中性洗涤纤维
GP（Gas Production）	产气量
PED（Potential Effective Digestibility）	有效降解率
VFA（Volatile Fatty Acid）	挥发性脂肪酸
TVFA（Total Volatile Fatty Acid）	总挥发性脂肪酸
a	快速降解部分
b	慢速降解部分
c	b 部分降解速率
K_p	食糜流通速率

参考文献

[1] 陈光辉. 中国苜蓿产业化[J]. 饲料工业，2001，18（1）：64-65.

[2] 刘振宇. 紫花苜蓿合理收获及晒制打捆技术[J]. 当代畜牧，2001，21（4）：23-25.

[3] 康爱民，龙瑞军，师尚礼. 苜蓿的营养与饲用价值[J]. 草原与草坪，2002，19（3）：31-33.

[4] 李固江. 苜蓿的加工与利用[J]. 黑龙江畜牧兽医，2005，25（5）：14-15.

[5] 刘晨. 优质苜蓿草捆加工技术的研究[J]. 草业科学，2002，17（2）：7-10.

[6] 赵辉. 紫花苜蓿加工技术研究[J]. 辽宁农业科学，2003，29（6）：51-53.

[7] 王鑫，马永祥. 紫花苜蓿营养成分及主要生物学特性[J]. 草业科学，2003，20（10）：62-65.

[8] 张晓峰，黄新，蒋永清. 苜蓿不同加工工艺的比较[J]. 中国饲料，2005，21（10）：36-37.

[9] 张国芳，岳俊芳. 苜蓿干草调制及质量评定标准[J]. 农业新技术，2003，5（6）：16-17.

[10] 赵春生. 紫花苜蓿的施肥、收割、贮藏和饲喂技术[J]. 畜禽业，2005，2（19）：23-25.

[11] 庄文发. 苜蓿栽培与利用[M]. 北京：中国农业出版社，2003：31-33.

[12] 耿华珠. 中国苜蓿[M]. 北京：中国农业大学出版社，1995：26-28.

[13] 高安社. 六种调制牧草方法的模糊综合评价[J]. 中国草地，2003，44（3）：50-52.

[14] 董志国，邓林涛，艾尼瓦尔. 优质苜蓿草的加工调制[J]. 黄牛杂志，2005，31（3）：81-84.

[15] 翟桂玉. 将牧草调制成干草产品的加工及贮藏技术[J]. 江西饲料，2003，

31（2）：23-26.

[16] 王妹月. 苜蓿干燥方法[J]. 农业机械化与电气化，2003，28（5）：37-40.

[17] 慕平. 用灰色关联系数法对苜蓿品种生产性能综合评价[J]. 草业科学，2004，21（3）：59-64.

[18] 吴自立. 红豆草和抗旱苜蓿产草量及其营养动态分析[J]. 草业科学，1989，29（4）：51-56.

[19] 侯武英，闫丽珍. 苜蓿草产品及其加工利用[J]. 畜牧业机械化，2003，56（4）：21-22.

[20] 卢英林. 苜蓿草干燥成套设备及干燥机理[J]. 中国乳业，2002，31（5）：42-44.

[21] 贾秀敏. 内蒙古河套灌区苜蓿产业化发展对策研究[D]. 中国农业科学院，2006：17-18.

[22] 刘玉华，贾志宽，韩清芳. AHP 模型对不同苜蓿价值的综合评定与应用[J]. 草业科学，2006，23（8）：33-39.

[23] 薛勇. 紫花苜蓿常用的干燥加工方法[J]. 畜牧与饲料科学，2007，13（1）：23-26.

[24] 王德利，祝延成. 牧草价值综合评价的定量方法探讨[J]. 草业学报，1993，2（1）：33-38.

[25] 李玉清，刘仁涛，汪春. 牧草烘干机生产工艺参数及应用效果研究[J]. 黑龙江八一农垦大学学报，2002，14（3）：32-35.

[26] 韩路，贾志宽，韩清芳. 苜蓿种质资源特性的灰色关联度分析与评价[J]. 西北农林科技大学学报，2003，6（3）：58-64.

[27] 乌艳虹，韩晓华. 紫花苜蓿株龄与其营养成分关系的研究[J]. 草业科学，1999，19（2）：18-21.

[28] 许新新，李长慧，张静. 不同收割期紫花苜蓿产草量与粗蛋白质营养动态分析[J]. 安徽农业科学，2007，35（18）：5460-5462.

[29] 郑文明，刘宝国. 谈苜蓿的加工利用方式[J]. 河南畜牧兽医，2003，24（9）：22-24.

[30] 陈辉. 紫花苜蓿合理晒制打捆技术[J]. 当代畜牧，2002，24（4）：31-33.

[31] 熊明红，周粉富，李键. 苜蓿草干燥设备的研究[J]. 江苏农机化，2003，

21（3）：23-24.

[32] 杨永林，马中文. 如何调制品质优良的苜蓿干草[J]. 草业科学，2005，22（12）：54-55.

[33] 卢欣石，申玉龙. AHP 模型对苜蓿农艺性状的综合评定与应用[J]. 中国草地，1992，21（2）：69-73.

[34] 刘忠宽，王艳粉，汪诗平. 不同干燥失水方式对牧草营养品质影响的研究[J]. 中国草地，2004，26（1）：34-38.

[35] 张国芳，李潮流. 苜蓿干草调制及质量评定标准[J]. 农业新技术，2003，31（6）：16-17.

[36] 刘维. 紫花苜蓿常用的干燥加工方法[J]. 畜禽业，2006，25（3）：15-18.

[37] 张秀芬. 饲草饲料加工与贮藏[M]. 北京：中国农业出版社，1992：12-15.

[38] 贾慎修. 草地学[M]. 北京：中国农业出版社，1995：32-38.

[39] 李丽萍. 科学调制青干草促进草业发展[J]. 饲料工业，2001，22（5）：31-32.

[40] Johnson R C，Tieszen L L. Variation for water-use efficiency in alfalfa germplasm[J]. Crop Science，1994，35（4）：452-458.

[41] Smeal D，Kallsen C E，Sammis T W. Alfalfa yield as related to transpiration, growth stage and environment[J]. Irrigation Science，1991，31（11）：79-86.

[42] 陈本健. 草产品加工技术[M]. 北京：金盾出版社，2002：34-37.

[43] 白律. 马里兰州获得最佳苜蓿产量和质量的生产管理方案[J]. 饲料工业，2004，22（5）：31-32.

[44] Salter R，Melton B，Wilson M. Selection in alfalfa for forage yield with three moisture levels in drought boxes[J]. Crop Science，1984，36（11）：345-349.

[45] Grimes D W，Wiley P L，Sheesley W R. Alfalfa yield and plant water relations with variable irrigation[J]. Crop Science，1992，32（8）：1381-1387.

[46] 侯武英. 浅谈苜蓿干草收获技术[J]. 农村牧区机械化，2003，11（3）：16-18.

[47] 葛正众，吴云泉. 苜蓿规模种植、生产和加工的几个问题[J]. 中国草地，2000，26（1）：70-72.

[48] 刘振宇. 紫花苜蓿合理收获机晒至打捆技术[J]. 饲料与营养，2001，23（4）：23-25.

[49] 周卫东，黄新，王亚琴，等. 不同处理方法对自然晒制苜蓿干草的影响[J].

草业科学，2006，23（2）：43-45.

[50] 高彩霞，王培. 收获期和干燥方式对苜蓿干草质量的影响[J]. 草地学报，1997，21（2）：113-116.

[51] 汪春，车刚. 干燥过程对紫花苜蓿粗蛋白含量影响规律的实验研究[J]. 农业工程学报，2006，22（9）：225-227.

[52] Cobic M J，Tickes B R，Roth R L. Alfalfa yield and stand response to irrigation termination in an arid environment[J]. Agronomy Journal，1997，21（88）：44-48.

[53] Collins M. Hay curing and water-soaking：effect on composition and digestion of alfalfa leaf and stem component[J]. Crop Science，1991，19（71）：219-223.

[54] Patil R T，Sokhansan J. Drying rates of alfalfa components parts[J]. Agronomy Journal，1992，32（58）：1850-1857.

[55] Bleeds B L，Heinrichs A J. Losses and quality changes during harvest and storage of preservative treated alfalfa hay[J]. Transaction of the ASAE，1992，36（2）：349-353.

[56] Sheerer S A. Alfalfa water relation and improvement[J]. American Society Agronomy，1988，29（3）：373-409.

[57] 侯百枝，蔡海霞，杨浩哲. 紫花苜蓿的收获、干燥及贮藏[J]. 农业科技通报，2006，15（9）：13-16.

[58] 李兆勇，张桂国，宋树平，等. 不同干燥方法对苜蓿相同区段营养价值影响的研究[J]. 饲料工业，2006，27（3）：32-34.

[59] 董宽虎，王常慧. 干燥方法对苜蓿草粉营养价值的影响[J]. 草地学报，2003，11（4）：333-337.

[60] 孙京魁. 刈割期和晒制方法对苜蓿青干草粗蛋白和粗纤维含量的影响[J]. 草原与草坪，2000（2）：26-28.

[61] 张文灿. 国外畜禽生产新技术[M]. 北京：中国农业大学出版社，2003：24-28.

[62] 朱延旭，郝洪生. 苜蓿草饲喂肥育牛效果试验[J]. 草业与饲料，2003，19（8）：11-12.

[63] 张红梅. 苜蓿干燥技术研究[J]. 农业机械化与电气化，2004，21（11）：15-16.

[64] 孙建荣. 苜蓿干燥方法及其成品品质的影响[J]. 脱水技术，2007，14（8）：56-58.

[65] 侯百枝. 紫花苜蓿的收获、干燥及贮藏[J]. 农业网络信息，2006，21（9）：100-102.

[66] 李维. 苜蓿干燥方法[J]. 脱水技术，2008，17（8）：35-41.

[67] 张国芳. 苜蓿干草调制及质量评定标准[J]. 农业新技术，2003，32（6）：16-17.

[68] 王秀领，徐玉鹏，闫旭东，等. 品种、收割时期和干燥方法对苜蓿干草中蛋白质含量的影响[J]. 草业与畜牧，2008，150（5）：13-16.

[69] 海存秀. 高寒地区不同干燥法对紫花苜蓿营养价值的影响[J]. 中国畜牧兽医，2007，34（5）：26-28.

[70] 朱正鹏，富相奎. 化学干燥剂对干草调制的影响[J]. 中国饲料，2006，28（21）：19-21.

[71] 刘兴元. 优质苜蓿草捆加工生产技术的研究[J]. 草业科学，2001，18（2）：8-10.

[72] Rotz C A，Davis R J，Buckmaster D R. Preservation of alfalfa hay with propipnic acid[J]. Eng Agric，1991，21（7）：33-40.

[73] Rohweder J E，Fessenden M R. Drying rate and ruminal nutrient digestion of chemically treated alfalfa hay[J]. American Society Agronomy，1999，29（4）：37-40.

[74] Grncarevic M. Effect of various dipping treatments on the drying rate of grapes for raisins[J]. America Journal of Enology Viticulture，1993，31（14）：230-234.

[75] 刘玉英. 化学药剂快速调制苜蓿干草的研究进展[J]. 辽宁畜牧兽医，2000，18（4）：38-39.

[76] 李志强，李新胜. 苜蓿干草的碳水化合物营养特性[J]. 中国奶牛，2005，23（1）：31-33.

[77] 卜登攀，崔慰贤. 苜蓿干草的田间调制[J]. 宁夏农学院学报，2001，22（3）：65-69.

[78] 夏明，那日苏. 牧草营养成分聚类分析与评价[J]. 中国草地，2000，19（4）：33-37.

[79] 海涛，于辉，王秀清. 不同紫花苜蓿品种干草粗蛋白产量及越冬率的灰色关联分析[J]. 动物营养，2007，19（2）：12-13.

[80] 杨恒山，曹敏健，郑庆福，等. 刈割次数对紫花苜蓿草产量、品质及根的影响[J]. 作物杂志，2004，25（2）：73-78.

[81] 李固江，刘国忠. 苜蓿的加工与利用[J]. 黑龙江畜牧兽医，1997，22（8）：14-15.

[82] 吴玉峰. 牧草种植、生产和加工技术研究[J]. 中国草地，2006，18（2）：67-71.

[83] 常玉群，安玉海. 紫花苜蓿半干青贮试验[J]. 中国畜牧杂志，2000，36（4）：39-40.

[84] 高彩霞. 苜蓿干草加工调制与高水分贮藏技术的研究[D]. 中国农业大学，1997：16-17.

[85] 杨志忠，艾克拜尔，丁敏，等. 苜蓿干草调制晾晒时间与水分散失规律的研究[J]. 草食家畜，2005，129（4）：60-61.

[86] 李富娟，王永雄. 影响苜蓿蛋白质含量的主要因素[J]. 中国饲料，2006，26（5）：34-37.

[87] 郑先哲. 苜蓿干燥特性与品质的试验研究[J]. 干燥技术与设备，2004，3（1）：65-68.

[88] 白史且. 牧草化学脱水的研究[J]. 四川草原，1995，18（2）：41-44.

[89] 李鸿祥，韩建国，武宝成. 收获期和调制方法对草木樨干草产量和质量的影响[J]. 草地学报，1999，3（12）：271-276.

[90] 张国盛，黄高宝. 种植苜蓿对黄绵土表土理化性质的影响[J]. 草业学报，2003，12（5）：88-93.

[91] Daughty D H. Inpact of envrionment and harvest management variableson alfalfa forage drying and quality[J]. Agronomy Journal，1994，21（85）：216-220.

[92] Clark R W，Koegel R G，Kraus T J. Mechanical maceration ofalfalfa[J]. Journal of Animal Science，1996，24（77）：187-193.

[93] Roybal D L，Visands D R. Nutritive value and foroge yiled of alfalfa synthetics under three harvest management systment[J]. Crop Sci，1990，18（30）：699-703.

[94] 宋伟红，苗树君，信宝清，等. 添加不同浓度碳酸钾调制苜蓿干草的研究[J]. 中国牛业科学，2006，32（6）：21-23.

[95] 吴良鸿，周易明. 不同含水量打捆贮藏对苜蓿干草营养组成和产量的影响[J]. 草食家畜，2008，14（9）：33-39.

[96] Savioe Beavregard S，Lague C. Forage making pressure and density effets on drying[J]. Canadian Agricultural Engineering，1992，14（32）：69-74.

[97] Tullberg N J. The effect of potassium carbonate solution on the drying of Lucerne. I. Laboratory studies[J]. J. Agric Sci（Camb），1998, 15（91）：551-556.

[98] 张吉鹍，卢德勋，刘建新. 粗饲料品质评定指数的研究现状及其进展[J]. 草业科学，2004，21（2）：12-16.

[99] 李毓堂. 关于发展优质豆科草粉新技术产业的若干问题[J]. 草业科学，2000，17（1）：72-74.

[100] 胡耀高，王在明. 干草干燥剂研究现状及前景[J]. 草原与草坪，1995，18（1）：1-5.

[101] 邓聚龙. 农业系统的灰色理论与方法[M]. 济南：山东科学出版社，1988：52-54.

[102] 郝璐，杨春燕. 内蒙古天然草地退化成因的多因素灰色关联分析[J]. 草业学报，2006，15（6）：26-31.

[103] 薛世明. 云南北亚热带冬闲田引种优良牧草的灰色关联度分析与综合评价[J]. 草业学报，2007，16（3）：69-73.

[104] 仲延凯，包青海，孙维. 干草调制及提高利用率的研究[J]. 中国草地，1997，19（3）：49-54.

[105] Ferren J. Harverst management effects on alfalfa production and quality in Mediterranean areas[J]. Grass and Foroge Sci，1998，21（53）：88-92.

[106] Fomesbes M Sh. Solar energy in hay making[J]. Mekhanizatsiya Elekrifikatsiya Khozyaistva，1999，33（7）：25-27.

[107] 戚志强，玉永雄. 当前我国苜蓿产业发展的形势与任务[J]. 草业学报，2008，17（1）：107-113.

[108] 孟林，毛培春，张国芳. 17个苜蓿品种苗期抗旱性鉴定[J]. 草业科学，2008，25（1）：21-25.

[109] 陈鹏飞，戎郁萍，玉柱. 微波炉测定紫花苜蓿含水量的初步研究[J]. 中国草地学报，2006，28（3）：53-55.

[110] 汪玺. 草产品加工技术[M]. 北京：金盾出版社，2002：15-22.

[111] Buckmaster D R. Alfalfa raking losses as measured on artificial stubble[J]. ASAE，1993，28（36）：645-651.

[112] Arinze E A，Schoenau G J，Sokhansan J S. Aerodynamic separation and fractional drying of alfalfa leaves and stem[J]. Drying Technology，2003，21（9）：1669-1698.

[113] 刘建仁，胡耀高，陈越. 苜蓿替代乳牛日粮中部分粗饲料的效益评估[J]. 草与畜杂志，1996（4）：13-14.

[114] 李树，童莉葛，王立. 减少苜蓿茎和叶干燥速率差异的实验研究[J]. 北京科技大学学报，2006，28（4）：383-387.

[115] 陈越，刘建仁，胡耀高. 持续饲喂苜蓿干草对乳牛血液系列化指标的影响[J]. 中国兽医杂志，1997，23（9）：17-18.

[116] 侯生珍. 紫花苜蓿饲喂泌乳奶牛的效果试验[J]. 黑龙江畜牧兽医，2005，25（3）：20-22.

[117] Rotz C A，Thomas J W. Preservation of alfalfa hay with urea[J]. Appl Eng Agric，1990，29（6）：679-686.

[118] 王成杰,周禾,汪诗平. 苜蓿干草添加剂研究进展[J]. 中国畜牧杂志,2005，32（1）：41-42.

[119] Ziemer C J. Intensive cuttings improve alfalfa[J]. Hoard Dairyman，1987：32-35.

[120] Meredith R H. Acdelerated drying of cut Lucerneby chemical treatment based in inorgasnic potassium salts or alkali metal carbonates Grass and Forage Xcience，1993，48（9）：126-135.

[121] 张秀芬. 几种化学药剂对豆科牧草干燥速度的影响[J]. 中国草地，1987，14（4）：55-59.

[122] 胡耀高，王在明. 干草干燥剂研究现状及前景[J]. 草原与牧草，1995，25（1）：1-5.

[123] 王钦. 牧草化学脱水的研究[J]. 四川草原，1995，19（2）：41-44.

[124] 万素梅，黄庆辉，王龙昌，胡守林. 紫花苜蓿部分主要性状与蛋白质含量关系研究[J]. 干旱地区农业研究，2004，22（1）：118-121.

[125] Brandt B，Nelson M，Klopfenstein T. Nebraska Beef Cattel Report[C]. Nebraska USA，1997.

[126] Knapp D R. Losses and quality changes during harvest and storage of preservative treated alfalfa hay[J]. Transaction of the ASAE，1993，36（2）：349-353.

[127] James White. Nutrient conservation of baled hay by sprayer application of feed grade fat with or without barn storage[J]. Anim Feed Sci Technol，1997，65（12）：1-4.

[128] Lord K A，Cayley G R，Lacey J. Laboratory application of preservatives to hay and the effects of irregular distribution on mould development[J]. Anim Feed Sci Technol，1991，26（2）：73-82.

[129] Rotz C A，Davis R J，Buckmaster D R. Preservation of alfalfa hay with propipnic acid[J]. Eng Agric，1992，17（8）：21-25.

[130] 韩建国. 收获期和调制方法对草木樨干草产量和质量的影响[J]. 草地学报，1999，21（12）：271-276.

[131] Woolford M K，Tetiow R M. The effect of ammonia and moisture content on the preservation and chemical composition of perennial ryegrass hay[J]. Anim Feed Sci Technol，1996，17（39）：75-79.

[132] 齐凤林，刘庆权. 苜蓿草饲喂肉牛最佳经济量试验[J]. 辽宁畜牧兽医，2001，27（5）：9-11.

[133] 丁武荣. 高水分苜蓿干草贮藏技术及其添加剂的研究[D]. 四川农业大学，2008：19-21.

[134] Thomas J W. Preservation of alfalfa haywith urea[J]. Appl Eng Agric，1999，39（6）：679-686.

[135] Henning J C，Dougherty C T，Leary J. Urea for preservation of moist hay[J]. Animfeed Sci Technol，1998，12（6）：1-6.

[136] Tetlow R M.Impact of envrionment and harvest management variables on alfalfa forage drying and quality[J]. Agronomy. Crop sci，2005，17（2）：62-69.

[137] Belanger R M. The effect of urea on the preservation and digestibility in vitro of perennial ryegrass[J]. Anim Feed Sci Technol，2006，24（3）：49-63.

[138] Alhadrami G，Huber J，Higginbotham G. Nutritive value of high moisture alfalfa hay preserved with urea[J]. J. Dairy Sci，1997，19（72）：972-979.

[139] Deets D R. Losses and quality changes during harvest and storage of preservative treated alfalfa hay[J]. Transaction of the ASAE，1993，36（2）：349-353.

[140] Rotz C A，Abrams S M. Alfalfa drying，loss and quality as influenced by

mechanical and chemical conditioning[J]. Transactions of ASAE，1994，30（3）：630-635.

[141] 王成杰，玉柱. 干草防腐剂研究进展[J]. 草原与草坪，2009，133（2）：77-79.

[142] 刘世亮，马闯，介晓磊，等. 喷施亚硝酸钠对紫花苜蓿干草产量和品质的影响[J]. 草业科学，2008，25（8）：73-78.

[143] Arinze E A. Simulation of natural and solar heated air hay drying systems[J]. Computers and Electronics in Agriculture，1993，19（8）：325-345.

[144] Buckmaster K R. Alfalfa harvest olsses as measured on simulated stubble paper[J]. American Society of Agricultural Engineers，1990，90（7）：1512-1526.

[145] Tullberg N J. The effect of potassium carbonate solution on the drying of Lucerne[J]. Field Studies J. Agirc Sci（Camb），1998，43（9）：12-16.

[146] Grncarevic M，Radler F. The effect of wax component on cuticular transpiration-model experiments [J]. Planta，1967，43（75）：23-27.

[147] Tullber J H，Minson D J. The effect of potassium carbonate solution on thedrying of Lucerne[J]. Journal of Agricultural Science Cambridge，1978，24（91）：557-558.

[148] Hong B J，Broderick G A，Walgenbach R P. Effect of chemical conditioning of alfalfa on drying rate and nutrient digestion in ruminants [J]. Journal of Dairy Science，1988，29（91）：1851-1859.

[149] Schonher J. Water permeability of isolated cuticular membranes：the effect of pH and cations on diffusion，hydrodynamic permeability and size of polar pores in cutin matrix[J]. Planta，1976，29（128）：113-126.

[150] Butler G W，Bailey R W. Chemistry and biochemistry of herbage[M]. Academic Press，New York，1983：134-136.

[151] 王金梅，李运起，张凤明，等. 刈割间隔时间对苜蓿产量、品质及越冬率的影响[J]. 河北农业大学学报，2006，29（3）：86-90.

[152] 孙建荣，李爱平. 苜蓿干燥方法及其对成品品质的影响[J]. 脱水技术，2007（8）：56-58.

[153] Gindel. Dynamic modification in alfalfa leaves growing in subtropical conditions[J]. Physiological Plant，1997，21（3）：86-90.

[154] Brown P W，Tanner C B. Alfalfa stem and leaf growth during water stress[J]. Agronomy Journal，1998，75（3）：790-791.

[155] Matthias W，Smith S E. Morphological and Physiological characteristics associated with tolerance to summer irrigation termination in alfalfa[J]. Crop Science，1997，37（8）：704-711.

[156] 康爱民，龙瑞军，师尚礼，等. 苜蓿的营养与饲用价值[J]. 草原与草坪，2002，98（3）：31-33.

[157] 阳伏林，龙瑞军，丁学智. 秸秆和苜蓿干草不同比例组合对人工瘤胃 pH、氨态氮及产气量的影响[J]. 饲料工业，2007，28（17）：60-63.

[158] 高彩霞，王培，高振生. 苜蓿打捆前含水量对营养价值和产草量的影响[J]. 草地学报，1997，5（1）：26-32.

[159] 单桂莲，薛世明，初晓辉. 6 种干草调制方法的灰色关联度综合评价[J]. 草业科学，2008，25（7）：36-41.

[160] 刘爱民. 牧草营养价值和体外消化率测定[J]. 草业科学，2006，34（3）：13-16.

[161] Tetlow R M. The effect of urea on the preservation and digestibility in vitro of perennial ryegrass[J]. Anim Feed Sci Technol，1993，24（3）：49-63.

[162] Richard A，Beth H，Davis W. Role of water activity in the spoil of alfalfa hay[J]. J. Dairy Sci，1999，72（8）：2573-2581.

[163] Jefferson P C，Gossen B D. Fall harverst management leaves to the yield and nutrient level of irrigation at different stage of develop[J]. Can Plant Sci，1994，54（8）：739-742.

[164] Woolford M K，Tetiow R M. The effect of ammonia and moisture content on the preservation and chemical composition of perennial ryegrass hay[J]. Anim Feed Sci Technol，1984，39（7）：75-79.

[165] Hoffman P C，Combs D K，et al. Performance of lactating dairy cows fed Alfalfa silage or perennial ryegrass silage[J]. Journal of Dairy Science，1998，81（1）：162-168.

[166] Getachew G，Robinson P H，et al. Relation between chemical composition，dry matter degradation and in vitro gas production of several ruminant feeds[J].

J Animal Sci，2004，111（7）：57-71.

[167] Aiple K P，Steingass H，Drochner W．Prediction of the net energy content of raw materials and compound feeds for ruminants by different laboratory methods[J]．Arch Anim Nutr，1996，49（3）：213-220.

[168] Liu J X，Susenbeth A，Sudekum K H．In vitro gas production measurements to evaluate interactions between untreated and chemically treated ricestraws，grass hay，and mulberry leaves[J]．J Anim Sci，2002，80（3）：517-524.

[169] Siddons G P，Madhu Mohini．Level of green maize affecting methane production on roughage based diet[J]．Indian Journal of Animal Sciences，1999，69（1）：54-58.

[170] Mehrez A Z. A study of the artificial fiber bag technique for determining the digestibility of feeds in the rumen[J]．Agric Sci（Camb），1997，88（7）：645-650.

[171] Siddons P R，Sheaffer C C. Alfalfa response to soil water deficits，growth，forage quality，Yield，water use，and water-use efficiency[J]．Crop Science，1993，23（7）：669-675.

[172] 卢德勋. 现代反刍动物营养研究方法和技术[M]. 北京：中国农业出版社，1991：23-27.

[173] 单桂莲，薛世明，陈功. 干燥方法对几种牧草营养价值和体外消化率的影响[J]. 草原与草坪，2006，114（1）：60-63.

[174] 张晓庆，吴秋玉，郝正里. 不同品种苜蓿营养成分及体外消化率动态研究[J]. 草业科学，2005，27（12）：48-51.

[175] 王爱国. 牧草消化率测定方法研究进展[J]. 中国畜牧兽医杂志，2005，37（2）：44-46.

[176] 石风善. 紫花苜蓿刈割期对产量和品质影响的研究[J]. 草业科学，2004，21（6）：28-29.

[177] 祁凤华，徐春生，王新峰，等. 多糖降解酶对苜蓿干草营养物质瘤胃降解率的影响[J]. 石河子大学学报，2005，23（5）：610-612.

[178] 张培增. 苜蓿的机械化田间干燥[J]. 生态农业，2004，4（2）：34-35.

[179] 刘圈炜，何云，王成章，等. 苜蓿在反刍饲料中应用的研究进展[J]. 粮食与饲料工业，2006，19（3）：30-33.

[180] Atzema A J. The effect of the weather on the drying rate of cut diploid and terraploidperennial ryegrass and diploid hybrid tyegrass[J]. Grass and Forage Science，1993，48（3）：362-368.

[181] Sundberg M，Thylen A. Leaching Losses due to rain in macerated and conditioned forage[J]. Journal of Agricultural Engineering Research，1994，58（3）：133-143.

[182] Smeal D，Kallsen C E，Sammis T W. Alfalfa yield as related to transpiration，growth stage and environment[J]. Irrigation Science，1991，68（12）：79-86.

[183] Wright J L. Daily and seasonal evapotranspiration and yield of irrigated alfalfa in southern idaho[J]. Agronomy Journal，1998，80（8）：622-669.

[184] 陈志伟. 苜蓿干草饲用价值研究[J]. 草地学报，2005，27（3）：80-83.

[185] Menke K H，Salewski A. The estimation of the digestibility and metabolizable energy content of ruminant feeding stuffs from the gas production when they are incubated with rumen liquor in vitro[J]. Journal of Agriculture Science（Cambridge），1999，93（3）：217-222.

[186] Mauricio R M，Mould F L，Dhanoa M S. Asemi-automated in vitro gas production technique forruminant feedstuff evaluation[J]. Animal Feed Science and Technology，1999，79（11）：321-330.

[187] 张吉鹍. 粗饲料品质评定指数研究进展[J]. 中国饲料，2003，48（16）：9-11.

[188] 赵艳忠，郑先哲，韩永俊，等. 苜蓿干燥过程中临界速度测定试验研究[J]. 农机化研究，2003，16（3）：134-136.

[189] 王鑫，马永祥，李娟. 紫花苜蓿营养成分及主要生物学特性[J]. 草业科学，2003，20（10）：39-40.

[190] 刘振宇. 紫花苜蓿合理收获及晒制打捆技术[J]. 当代畜牧，2001，31（4）：24-25.

[191] 王根旺. 紫花苜蓿干草调制过程营养物质变化规律及干草调制技术[J]. 甘肃农业，2005，23（2）：93-94.

[192] 赵凤立，刘庆权. 苜蓿干草饲喂杂交肉羊肥育效果[J]. 辽宁畜牧兽医，2002，14（2）：23-24.

[193] 冯仰廉. 反刍动物营养学[M]. 北京：科学出版社，2004：548-550.

[194] 王加启，冯仰廉. 日粮粗精比对瘤胃微生物合成效率的影响[J]. 畜牧兽医学报，1995，26（4）：301-304.

[195] 张立忠，王玉明，辛国昌. 中国草原畜牧业发展模式研究[M]. 北京：科学出版社，2004：16-17.

[196] 邱淑琴，黄建新，刘波. 内蒙古草业的退化和保护问题[J]. 内蒙古草业，2005，14（4）：12-14.

[197] 李青丰. 草畜平衡管理：理想与现实的冲突[J]. 内蒙古草业，2005，2（3）：12-14.

[198] 章祖同. 中国重点牧区草地资源及其开发利用[M]. 北京：中国科学技术出版社，1999：8-10.

[199] 赵永泉，吴建民. 保护天然草地资源发展生态畜牧业[J]. 内蒙古草业，2005，2（3）：53-54.

[200] 李世东. 中西部地区退耕还林还草试点问题[C]//香山科学会议第 153 次会议论文，2000：11-12.

[201] 王继强，张波. 苜蓿及其产品的营养价值和在畜牧业中的应用[J]. 饲料广角，2003，16（4）：23-24.

[202] 杨胜. 饲料分析及饲料质量检测技术[M]. 北京：北京农业大学出版社，1993：15-98.

[203] NY/T 1574—2007. 中华人民共和国农业行业标准：豆科牧草干草质量分析[S]，2-3.

[204] 王成杰，周禾，玉柱. 机械压扁与碳酸钾对紫花苜蓿茎叶解剖结构的影响[J]. 草地学报，2006，14（1）：29-33.

[205] 国家技术监督局 GB 13092—1991. 饲料中霉菌的检验方法. 北京：中国标准出版社，1992：79-83.

[206] Rskov E R，McDonald J. The estimation of protein degra-ability in the rumenfrom incubation measurements weighted according to rate of passge[J]. J. Agric Sci（Camb），1998，92（11）：499-503.

后 记

本书付梓之际，感慨万千！今天能够顺利完成该书的编写，与恩师、家人、师兄妹以及朋友们、同事们的支持和鼓励是分不开的。

首先，要感谢我的两位恩师贾玉山教授和格根图教授。由于该书是在本人博士论文的基础上修改完成的，论文撰写期间两位恩师倾注了大量心血，各个环节都给予悉心指导。五年的研究生生涯中，两位恩师在学习和生活上给予了我无微不至的关怀，恩师严谨治学的作风、以身作则的态度、循循善诱的教诲、无私奉献的高尚品质都给我留下了深刻的印象与极大的鼓舞。学生在此郑重地向两位老师深深鞠躬，表达我对两位导师的诚挚谢意！

在做博士论文期间，中国农科院草原研究所牧草检测与分析测试中心、内蒙古农业科学研究院托克托科研基地赵志彪站长以及畜牧研究所的孙海洲教授、金海教授为我们提供了许多便利条件；博士研究生朝鲁孟琪琪格、刘庭玉、王晓光、卢丽娜，硕士研究生李长春、武红、尹强、武海霞、刘丽英、常春、丁霞、白红杰、包丰艳、杨继峰、刘宝玉等师弟师妹，本科生籍延宝等人在试验过程中付出了艰辛的劳动，给予了我无私的帮助和支持。在此，向这些关心和帮助我的兄弟姐妹们一并表达我最衷心的感谢！

特别感谢我的工作单位内蒙古财经大学资源与环境经济学院，感谢吕君院长、金良书记、崔秀萍副院长、郑之新副书记，同事张文娟、王世文、王珊、周春生、关海波、代志波、徐杰、王雄、那音太、孙兴辉、李红霞、周树林、王雅新、李云达等老师对我的帮助和对本书出版的支持。

最后，我要把最真诚的谢意献给我的家人，感谢我的父母、姐姐和爱人。多年来他们无微不至的关怀和爱护我，在我最艰难的日子里，是他们给了我继续走下去的动力，鼓励我不断努力进步，他们对我无私伟大的爱我都铭记在心，在这里深深地祝福他们，愿他们永远幸福！

本书得以顺利出版，要感谢内蒙古财经大学出版资金的资助，感谢学校对本书出版的支持。还有中国环境科学出版社的大力支持，感谢他们为本书出版所付出的劳动和汗水。

再次对这些关心我、给予我无私帮助的人，致以我最诚挚的感谢！

由于本人能力有限，该书在撰写过程中如有不足之处，还望读者能够原谅，敬请批评和指正。

张晓娜

2012 年 7 月于呼和浩特